"十四五"职业教育国家规划教材

"十三五"职业教育国家规划教材

"十二五"职业教育国家规划教材

经全国职业教育教材审定委员会审定

高等职业院校"互联网＋"系列精品教材

国家职业
教育教学资源库
配套教材

单片机应用技能项目化教程
（第2版）

陈海松　主编

何惠琴　刘丽莎　副主编

王静霞　主审

扫一扫看单
片机课程设
计指导教学
课件

扫一扫看单
片机课程设
计指导教学
视频

电子工业出版社

Publishing House of Electronics Industry

北京·BEIJING

内 容 简 介

本书按照职业教育以就业为导向的宗旨,结合课程组十多年的教学改革和校企合作经验,以单片机应用技能训练为核心进行修订编写。全书采用项目驱动方式安排教学,主要内容包括单片机并行 I/O 口应用、显示接口及应用、串行通信接口及应用、语音接口及应用、常用传感器接口及应用、综合项目实践等 6 个学习单元。通过精心挑选的 18 个项目、46 个设计任务,使读者掌握单片机的应用技能以及项目任务开发与设计方法。本书内容循序渐进,新颖实用,每个项目任务都在 Proteus 软件上进行仿真并调试通过。

本书为高等职业本专科院校单片机应用技能训练课程的教材,也可作为开放大学、成人教育、自学考试、中职学校、培训班的教材,以及电子工程技术开发人员的参考书。

本书提供免费的电子教学课件、微课视频、C 语言源程序、Proteus 仿真设计文件等,详见前言。

图书在版编目(CIP)数据

单片机应用技能项目化教程 / 陈海松主编. —2 版. —北京:电子工业出版社,2021.1(2024 年12月重印)

高等职业院校"互联网+"系列精品教材

ISBN 978-7-121-29380-1

Ⅰ. ①单⋯ Ⅱ. ①陈⋯ Ⅲ. ①单片微型计算机-高等学校-教材 Ⅳ. ①TP368.1

中国版本图书馆 CIP 数据核字(2016)第 162050 号

责任编辑:陈健德

印　　刷:三河市良远印务有限公司
装　　订:三河市良远印务有限公司
出版发行:电子工业出版社
　　　　　北京市海淀区万寿路 173 信箱　邮编 100036
开　　本:787×1092　1/16　印张:15.5　字数:397 千字
版　　次:2012 年 1 月第 1 版
　　　　　2021 年 1 月第 2 版
印　　次:2024 年 12 月第 16 次印刷
定　　价:52.00 元

前言

    单片机是微型计算机应用技术的一个重要分支，在工业智能仪器仪表、光机电设备、自动检测、信息处理、家电等方面有着广泛应用。单片机应用技术是高等职业院校多个专业开设的专业核心课程，深圳职业技术学院单片机应用技术课程组已经过十多年的教学改革和校企合作经验，同时不断吸取其他院校单片机课程新的教学改革成果与经验，在单片机实践教学方面积累了丰富的经验。

    本书采用项目驱动方式安排教学，以实践项目为载体，强调"教、学、做"一体，理论知识以够用为度，根据项目需要，将知识点分散到每个项目任务中进行讲解并加以组合；各项目从单片机应用系统的开发流程入手，以对话和问答等方式逐步对设计内容进行分析讲解，引导学生逐步进行项目分析、硬件设计、软件设计和调试，用获得的知识去解决实际问题，从而提高学生的动手能力；通过归纳、总结等实践扩展项目，使学生除了掌握单片机的基本应用方法外，还能针对不同项目需求设计解决方案，达到举一反三的学习目的。

    每个项目任务的学习和制作都是一个不断成功地完成制作的过程，从中可以获得成就感和学习的乐趣。随着项目复杂程度的逐步提高，知识逐步完善，能力逐渐提升；当读者完成了前面几个项目的制作时，已具备初步的技术开发能力。这时，读者会感叹：原来 51 单片机 C 语言也可以这样学！

    本书内容包括单片机并行 I/O 口应用、显示接口及应用、串行通信接口及应用、语音接口及应用、常用传感器接口及应用、综合项目实践等六个学习单元，分为 18 个精心挑选的实践项目。所选项目突出实用性，易学易懂；每个项目都在 Proteus 软件上进行仿真并调试通过；项目之间具有一定的关联性，每个项目既相对独立，又是综合项目的子任务；每个项目以子函数的形式出现，让读者掌握函数调用的技巧；在叙述方式上，本书避免整页长篇大论的讲解方式，引入与实践相关的图、表、提示、问答等内容形式；项目的扩展性较强，基础项目可以根据需要组合成综合项目，让读者获得的不仅是一本文字教材，更是一个完整的学习环境，为学生提供了很好的自我学习和提高的学习资源。

    本书内容循序渐进，新颖实用，参考学时为 62～80 学时，在使用时可根据具体教学情况选择不同的项目任务或扩展任务，酌情增减学时。本书也可与王静霞主编的《单片机应用技术（C 语言版）》配合使用，以熟练掌握项目开发与设计技能。

    本书由陈海松担任主编，何惠琴和刘丽莎担任副主编。具体分工为：陈海松编写绪言、项目 4、项目 7～8、项目 12、项目 17～18；何惠琴编写项目 1、项目 11 的任务 11-2 和项目 13 的任务 13-2；刘丽莎编写项目 3、项目 5、项目 9；柴继红编写项目 6、项目 14、项目 16；夏继媛编写项目 10 和项目 15；李益民编写项目 13 的任务 13-1；熊建平编写项目 1 和项目 11 的任务 11-1。

王静霞教授审阅了全书，对本书的编写提出了很好的修改意见；本书在编写过程中得到深圳职业技术学院电子技术基础教研室的大力支持，李益民教授绘制了书中全部电路图，在此表示衷心感谢！

为了方便教师教学，本书配有电子教学课件、微课视频、C 语言源程序、Proteus 仿真设计文件等，请有此需要的教师登录华信教育资源网（www. hxedu. com. cn）免费注册后进行下载；有问题时请在网站留言或与电子工业出版社联系（E-mail：hxedu@ phei. com. cn）。读者也可通过精品课网站（http：//jpkc. szpt. edu. cn/2008/dpj）浏览和参考更多的教学资源。

由于时间紧迫和编者水平有限，书中错误和缺点在所难免，热忱欢迎使用者对本书提出批评和建议。

编 者

 扫一扫看Keil Protues软件使用指南+各项目教学课件

 扫一扫下载看书中25个项目的Proteus仿真文件

 扫一扫看C51基础知识

目　　录

绪言　学习单片机的准备

扫一扫看绪论教学课件

1. 什么是单片机

单片微型计算机（Single Chip Microcomputer）简称单片机，是指集成在一个芯片上的微型计算机，它的各种功能部件，包括 CPU（Central Processing Unit）、存储器（Memory）、基本输入/输出（Input/Output，I/O）接口电路、定时/计数器和中断系统等，都制作在一块集成芯片上，构成一个完整的微型计算机。单片机实质上是一个芯片，它具有结构简单、控制功能性强、可靠性高、体积小、价格低等优点，单片机技术作为计算机技术的一个重要分支，广泛地应用于工业控制、智能化仪器仪表、家用电器、电子玩具等各个领域。

本书以目前使用最为广泛的 MCS-51 系列 8 位单片机 AT89C51（与之兼容的单片机有 AT89S51、STC89C51 等）为研究对象，介绍单片机的硬件结构、工作原理及应用系统的设计。AT89C51 单片机采用标准 40 引脚双列直插式封装，其引脚排列如图 0-1 所示，引脚介绍如表 0-1 所示。

扫一扫看什么是单片机教学课件

扫一扫看什么是单片机教学视频

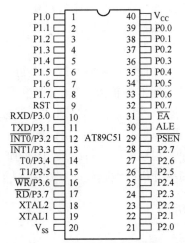

扫一扫看单片机引脚介绍教学课件

扫一扫看单片机引脚介绍微课视频

图 0-1　AT89C51 的引脚图

表 0-1　AT89C51 引脚介绍

引 脚 名 称	引 脚 功 能	引 脚 名 称	引 脚 功 能
P0. 0～P0. 7	P0 口 8 位双向口线	ALE	地址锁存控制信号
P1. 0～P1. 7	P1 口 8 位双向口线	$\overline{PSEN}$	外部程序存储器读选通信号
P2. 0～P2. 7	P2 口 8 位双向口线	$\overline{EA}$	访问程序存储控制信号
P3. 0～P3. 7	P3 口 8 位双向口线	RST	复位信号
V_{CC}	+5V 电源	XTAL1 和 XTAL2	外接晶体引线端
V_{SS}	地线		

扫一扫看
单片机应
用系统教
学课件

扫一扫看
单片机应
用系统微
课视频

2. 什么是单片机开发系统

单片机不是完成某一个逻辑功能的芯片，而是把一个计算机系统集成到一个芯片上，单片机应用系统必须由硬件和软件两部分组成，二者相互依赖，缺一不可。硬件是应用系统的基础，软件是在硬件的基础上，对其资源进行合理调配和使用，控制其按照一定顺序完成各种时序、运算或动作，从而实现应用系统所要求的任务。单片机应用系统设计人员必须从硬件结构和软件设计两个角度来深入了解单片机，将二者有机结合起来，才能开发出具有特定功能的单片机应用系统。后文将分别介绍学习单片机系统应该准备的硬件资源和软件资源。

3. 了解几个概念

烧录：单片机内部集成了存储器，执行时可以直接从内部存储器获取指令，而这些指令是如何写进内部或外部存储器中的呢？当然是通过一种比较特殊的手段写入，这个写入过程就称为烧录。

仿真：单片机执行过程中，我们无法看到单片机内部的状态。如果有一个设备可以模拟单片机的全部功能，通过执行某个程序，可以查看单片机内部的状态，这个操作过程为仿真。

烧录器：也称为编程器，烧录器实际上是一个对可编程的集成电路写数据的工具，烧录器主要用于单片机（含嵌入式）/存储器（含 BIOS）之类的可编程器件的编程，通俗的说法就是用来给存储器写入程序。

仿真器：单片机在软件开发的过程中也需要对软件进行调试，观察其中间结果，排除软件中存在的问题。但单片机不具备标准的输入/输出装置，受存储空间限制，也难以容纳用于调试程序的专用软件，因此要对单片机软件进行调试，就必须使用单片机仿真器。单片机仿真器具有基本的输入/输出装置，具备支持程序调试的软件，使得单片机开发人员可以通过单片机仿真器输入和修改程序，观察程序运行结果与中间值，同时对与单片机配套的硬件进行检测与观察，可以大大提高单片机的编程效率和效果。

4. 学习 C51 单片机准备的法宝

1）法宝 1：自制硬件开发板

要学好单片机，必须要有一个硬件开发板，现在一起来设计一块属于自己的 51 单片机核心控制模块。51 单片机核心控制模块包括了本书中基础的项目，可以实现单灯点亮、蜂鸣器、汽车转向灯、抢答器、流水灯、数码管显示、点阵显示、液晶显示、串口通信等项目，所需器件清单如表 0-2 所示，电路原理图如图 0-2 所示。如果还没准备好，那么先不急于制作 51 单片机核心控制模块，而应从项目 1 着手，制作一个简易的单片机最小系统，开始学习单片机设计。

制作了硬件系统，单片机可以工作吗？还不能。我们必须编写完成相应功能的程序，程序要在哪里编写？请看法宝 2。

表 0-2　51 单片机核心控制模块电路器件清单

元 件 名 称	参　　数	数量	元 件 名 称	参　　数	数量
IC 插座	DIP40	1	电阻	1kΩ	9
单片机	AT89C51	1	电阻	10kΩ	1
晶体振荡器	12MHz	1	电阻	300Ω	12
电阻	510Ω	8	电解电容	22μF	1
电容	22μF	1	瓷片电容	30pF	2
电容	470μF	2	LED 发光二极管		21
6 个共阳极数码管	03661B	1	8×8 点阵		1
共阳极数码管		1	蜂鸣器		
液晶模块	1602	1	同相驱动	74LS245	
三极管	9012	1	反相器	74LS04	
反相器	74LS240		温度传感器	DS18B20	1
电平转换	MAX232		7805		1
按键		5	插针		若干
杜邦线		若干			

2）法宝 2：Keil 软件

学习单片机之前，必须在计算机上安装 Keil 开发软件。单片机要工作必须有软件系统，所以必须进行编程。单片机识别的是机器语言，即二进制码，而编写单片机可以识别的二进制码很麻烦，所以可以借助 51 单片机常采用的编程语言——汇编语言或 C 语言编写程序，然后再把它转换成机器可以识别的机器码。汇编语言的机器代码生成效率很高但可读性却并不强，而 C 语言在大多数情况下其机器代码生成效率和汇编语言相当，但可读性和可移植性却远远超过汇编语言，而且 C 语言还可以嵌入汇编语言来解决高时效性的代码编写问题。因此，采用 C 语言进行编程，借助 Keil 开发软件进行 C 语言编程、编译、调试，然后再生成单片机可以识别的 .hex 或者 .bin 文件。

Keil 软件的下载、安装和使用方法请阅看二维码链接文件。

3）法宝 3：自制编程器

单片机硬件系统制作好了，也通过 Keil 软件生成实现某个功能的 .hex 或者 .bin 文件，怎么把 .hex 或者 .bin 文件写入单片机呢？一种方法是通过专用的编程器把程序下载到目标系统的 CPU，然后再进行脱机调试。编程器有很多，本教材使用的是 TOP 系列中的 TOP853 通用编程器，编程器的具体介绍和使用参见项目 1 中的任务中的动手做 4。专用的编程器花费比较高，初学者可以自己动手制作一个编程器。

（1）下载线制作。ISP 下载包括并口下载和串口下载两种方式，这里介绍 ISP 并口下载方式，如图 0-3 所示。其中 ISP 并口下载线可以从市场上购买成品，也可以自行制作，电路如图 0-4 所示，ISP 下载线实物如图 0-5 所示，具有 ISP 下载口的 AT89S51 单片机最小系统电路如图 0-6 所示。

（2）AT89S51 单片机下载程序及使用方法。用于 ISP 程序下载的上位机程序有很多种，

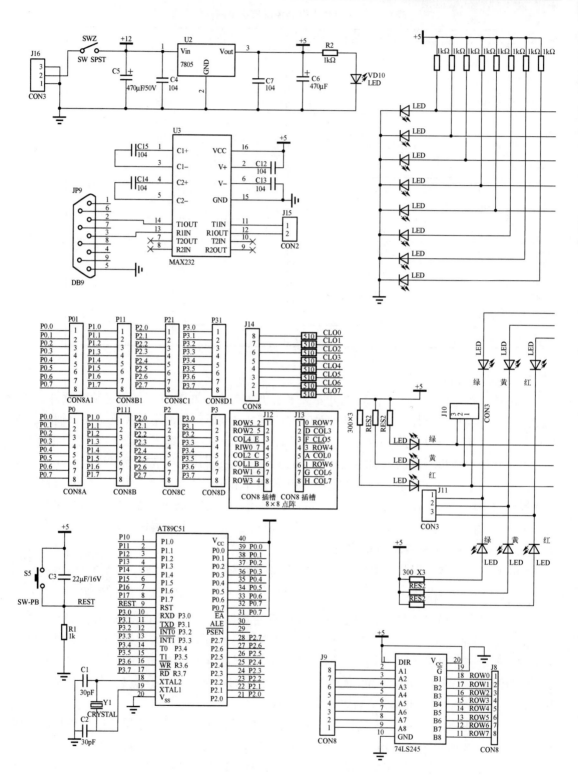

图 0-2　51 单片机核心

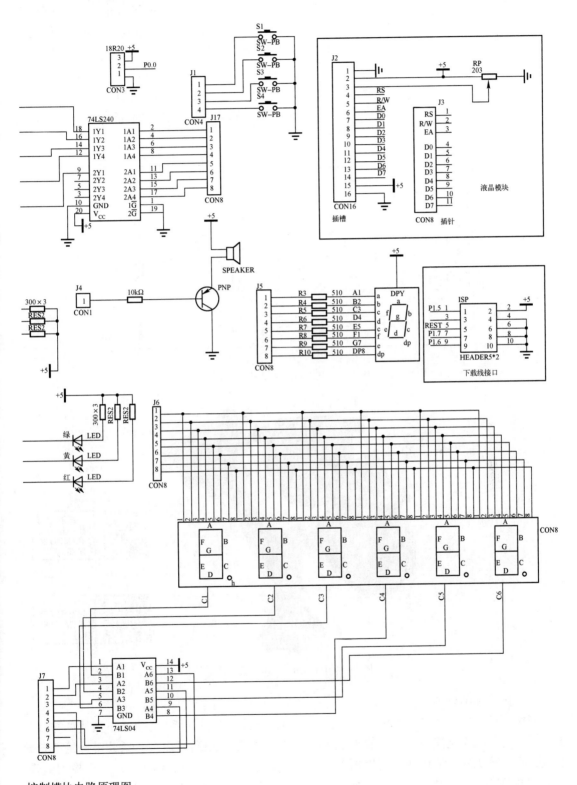

控制模块电路原理图

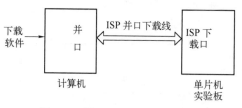

图 0-3　并行口 ISP 下载连接图

这里介绍广州市天河双龙电子有限公司（网址是 http：//www. sl. com. cn/）提供的下载程序的 SLISP 软件。该软件的安装比较简单，只要按照提示选择就可以了。软件运行界面如图 0-7 所示。

在图 0-7 中，正确选择通信口（LPT1）、下载目标芯片（AT89S51）和要烧写的程序，就可以进

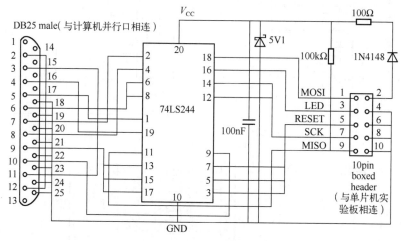

图 0-4　ISP 并口下载线电路图

扫一扫看定时计数器相关寄存器TMOD教学课件

扫一扫看定时计数器相关寄存器TMOD微课视频

图 0-5　ISP 并口下载线实物图

行芯片的擦除和编程了。

联机测试，一头插在计算机并口上，一头用排线连接单片机系统，ISP 下载线的排线不要太长，否则抗干扰能力差，一般小于 20cm。如果想延长距离可以买一条公对母的并口延长线，在计算机的一端将并口扩展出来。开始测试了，打开 ISP 下载软件，点击检测器件，听到"嘟嘟嘟"声，检测到器件，此时，ISP 下载线设计完成。ISP 下载结束后，把单片机放在目标板上，按一次复位键或者重新上电，单片机上的程序即开始运行。

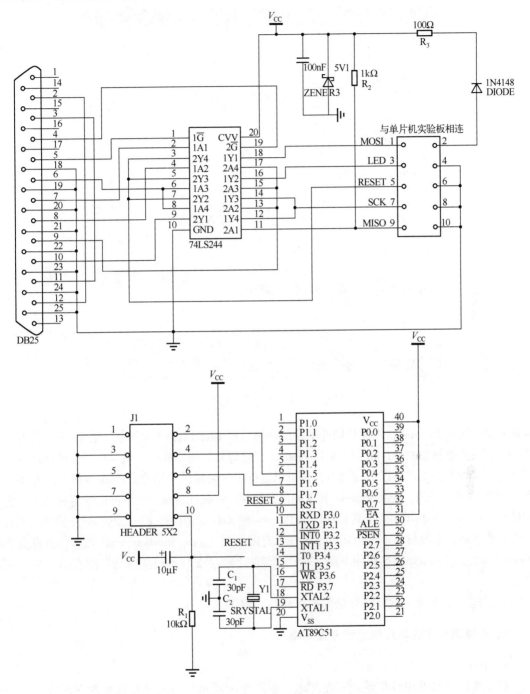

图 0-6　具有 ISP 下载口的 AT89S51 单片机最小系统电路图

4）法宝 4：Proteus 仿真软件

　　Proteus 仿真软件的功能在于它的电路仿真是互动的，针对微处理器的应用，可以直接在基于原理图的虚拟原型上编程，并实现软件代码级的调试，还可以直接实时动态地模拟按钮、键盘的输入，LED、液晶显示的输出，同时配合虚拟工具如示波器、逻辑分析仪等进行相应的测

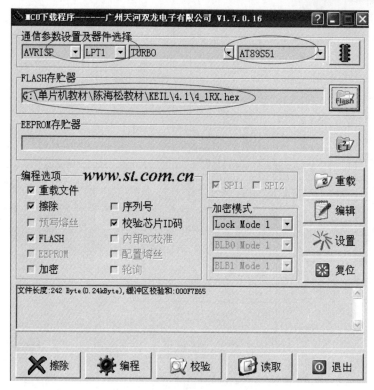

图 0-7　双龙下载程序运行界面

量和观测。先用 Proteus 软件设计硬件电路原理图，用 Keil 软件设计程序，生成 .hex 或者 .bin 文件，加载到电路图的单片机中，通过 Proteus 实时仿真，仿真成功以后，再制作硬件系统，脱机运行，这种方法不仅可以节约成本，还可以进行实时的调试和仿真。Proteus 仿真软件还可以和 Keil 软件进行联调，安装 Proteus 和 Keil 联调插件 vdmagdi.exe，然后可以像仿真器一样进行调试。Proteus 7 Professional 工具软件以及 Proteus 和 Keil 联调插件 vdmagdi.exe 许多网站都有链接可免费下载，本教材在广州市风标电子技术有限公司（www.windway.cn）和华信教育资源网（www.huaxin.edu.cn）网站提供下载。软件详细的下载、安装和使用方法请阅看第 3 页二维码文件。

　　有了这 4 个法宝，就可以开始你的单片机之旅了。

5. 选择适合你的单片机系统开发环境

1）教学

教学采用典型的单片机系统开发环境，如图 0-8 所示。一般单片机实验室配备的都是典

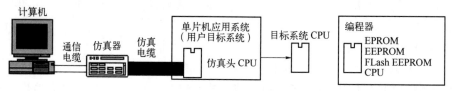

图 0-8　典型的单片机系统开发环境

型的单片机系统开发环境，由计算机、通信电缆、仿真器、仿真电缆以及用户目标系统进行仿真调试，调试成功之后，通过专用的编程器把程序下载到目标系统的 CPU，然后再进行脱机调试。这种典型的单片机系统开发环境的优点是单片机在执行程序时人工是无法控制的，为了能调试程序，检查硬件及软件运行状态，通过借助单片机仿真器模拟用户实际的单片机，并且能随时观察运行的中间过程，而不改变性能和结果，从而模仿现场的真实调试。而缺点是要配备仿真器和专用的编程器，花费比较高，在教学上，采用此开发环境比较好。

准备的学习工具：计算机、仿真器、开发板、编程器。

2）有一定基础的学习者

单片机系统开发环境使用在系统编程（ISP），如图 0-9 所示。ISP 功能的优势在于不需要编程器就可以改写单片机存储器内的程序，方便系统调试，尤其对于实验环境有限的学生来讲，只要有一台计算机，就可以随意改写单片机内的程序，极大地方便了课下学习和创新，是一个强大易用的功能。ISP 一般通过单片机专用的编程接口对单片机内部的 Flash 存储器进行编程，ISP 的实现一般需要很少的外部电路辅助实现，用户可以自己动手制作一个ISP 下载线，具体方法参见法宝 2。这种单片机系统开发环境可节约成本，缺点是只能看到最终结果，不能随时观察运行的中间过程。这种单片机系统开发环境比较适合自学的人员。

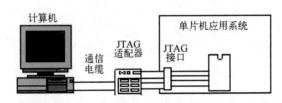

图 0-9　使用 JTAG 界面的单片机仿真开发环境

准备的学习工具：计算机、ISP 编程器、开发板。

3）初学者

通过 Proteus 软件仿真学习单片机，可以节约成本，还可以进行实时的调试和仿真。

准备的学习工具：计算机、Proteus 软件。

单元 1

单片机并行 I/O 口应用

本单元主要介绍 51 单片机的并行输入/输出（I/O）端口的功能和结构，并以单片机控制连接到 I/O 端口的发光二极管、蜂鸣器、继电器、按键为实例，介绍并行 I/O 端口的操作方法及 C51 单片机程序设计的结构化编程基本语句。

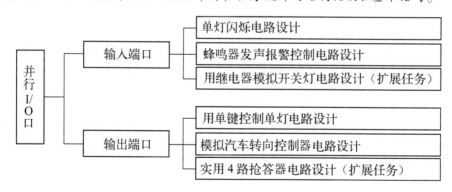

并行 I/O 口
- 输入端口
  - 单灯闪烁电路设计
  - 蜂鸣器发声报警控制电路设计
  - 用继电器模拟开关灯电路设计（扩展任务）
- 输出端口
  - 用单键控制单灯电路设计
  - 模拟汽车转向控制器电路设计
  - 实用 4 路抢答器电路设计（扩展任务）

 扫一扫看项目任务让单片机工作起来 Proteus 仿真录屏

 扫一扫看项目任务模拟汽车转向控制器电路设计 Proteus 仿真录屏

项目 1 让单片机工作起来

扫一扫
看本项
目教学
课件

扫一扫看
让单片机
工作起来
微课视频

训练任务	单灯闪烁电路设计
知识详解	◇单片机最小系统； ◇单片机的 I/O 口作为输出的工作原理； ◇发光二极管、蜂鸣器、继电器的工作原理
学习要点	单灯闪烁电路设计； 蜂鸣器发声报警电路设计
扩展任务	◇用继电器模拟开关灯电路设计
建议学时	9

任务 1-1 单灯闪烁电路设计

1. 任务要求

通过制作单片机控制一个简单的信号灯闪烁电路，并将程序编译成的二进制代码程序下载到单片机中，实现信号灯的闪烁效果，从而让单片机工作起来。

2. 跟我学——单片机的 I/O 口作为输出时的工作原理

AT89C51 单片机内部共有 P0 ～ P3 四组 I/O 口，它们既可以作为输入端口，也可以作为输出端口。本项目中主要是将 I/O 作为输出端口应用，但同样作为输出端口，P0 ～ P3 四组端口又有些区别。

当 P0 口进行一般的 I/O 输出时，由于 VT_1 截止，输出电路是漏极开路电路，必须外接上拉电阻才能有高电平输出；P1、P2、P3 口电路结构内部有上拉电阻，与场效应管共同组成输出驱动电路。P1 口作为输出口使用时，可以向外提供推拉电流负载，无须再外接上拉电阻。

> 📄 小问答
>
> 问：用单片机的 I/O 口点亮一个 LED 灯时，输出的电压接近 5V，应该足以点亮一个 LED 灯，为什么经常要外接上拉电阻？为什么通常采用 I/O 口输出低电平让 LED 灯点亮？
>
> 答：51 单片机除 P0 口为漏极开路外，P1、P2、P3 口都是弱上拉，驱动能力很弱，只有外加一个上拉电阻才能达到足够的驱动能力。51 单片机的 I/O 端口都有一个特性：当输出电压为 5V 时，可对外输出约二十几微安电流，当输出电压为 0V 时，可吸收约十几毫安电流。为了让 LED 正常点亮，用输出 0V 的状态来驱动，当然，此时 CPU 只能吸收电流。

3. 动手做 1——画出硬件电路图

单片机 P0、P1、P2、P3 的 32 个 I/O 引脚，任意一个 I/O 引脚都可以用来控制一个发光二极管闪烁。这里选用 P1.0 引脚来驱动一个发光二极管，电路如图 1-1 所示，单灯闪烁控制电路所用器件如表 1-1 所示。

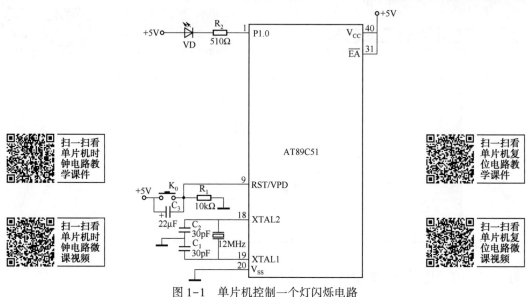

图1-1　单片机控制一个灯闪烁电路

表1-1　单灯闪烁控制电路器件清单

元 件 名 称	参　　　数	数量	元件名称	参　　　数	数量
IC 插座	DIP40	1	按键		1
单片机	AT89C51 或 AT87E51	1	电阻	510Ω	1
晶体振荡器	6MHz 或 12MHz	1	电阻	10kΩ	1
瓷片电容	30pF	2	电解电容	22μF	1
发光二极管		1			

📖小知识

　　单片机最小系统是能够让单片机工作的最小硬件电路，除了单片机之外，最小系统还包括电源复位电路和时钟电路。电源复位电路用于将单片机内部各电路的状态恢复到初始值。时钟电路为单片机工作提供基本时钟，因为单片机内部由大量的时序电路构成，没有时钟脉冲即"脉搏"的跳动，各部分将无法工作。

　　图1-1所示电路包含了MCS-51系列单片机的典型最小系统电路。

4. 动手做2——编写单灯闪烁的程序

　　硬件电路设计完成了，下一步就是怎么能让这个二极管闪烁起来。硬件能让二极管亮或者灭，这个在之前电路设计中，是很容易的事，但如何能让二极管在单片机的控制下自动闪烁？即一亮一灭循环，就像有人控制一样。答案是编程。通过将编写好的带有某一功能的程序装入单片机，就能让它来代替人完成某一功能。

　　二极管闪烁程序如下：

```
//程序:ex1_1.c
//功能:控制一个信号灯闪烁程序
```

```
#include <reg51.h>    //包含头文件 reg51.h,定义了 MCS-51 单片机的特殊功能寄存器
sbit    P1_0=P1^0;                  //定义位名称
void    delay(unsigned char i);     //延时函数声明
void    main()                      //主函数
{
    while(1){
        P1_0=0;                     //点亮信号灯
        delay(100);                 //调用延时函数,实际变量为100
        P1_0=1;                     //熄灭信号灯
        delay(100);                 //调用延时函数,实际变量为100
            }
}
//函数名:delay
//函数功能:实现软件延时,大约 i×2.5ms
//形式参数:unsigned char i;i 控制空循环的外循环次数,共循环 i×255 次
//返回值:无
void    delay(unsigned char i)      //延时函数,无符号字符型变量i 为形式参数
{
    unsigned char j,k;              //定义无符号字符型变量 j 和 k
    for(k=0;k<i;k++)                //双重 for 循环语句实现软件延时
        for(j=0;j<255;j++);
}
```

5. 动手做 3——编译源程序, 并产生 ＊.bin 二进制或者 ＊.hex 十六进制目标文件

在"动手做 2"中选用 C 语言编写了单灯闪烁的程序, 但该程序单片机不能直接识别, 单片机能识别的只有二进制文件或者十六进制的目标文件, 所以需要将上面的程序转变成目标文件, 这个过程称为编译。下面就介绍用 Keil 软件编译 C 语言程序的过程, 最终将源程序 ＊.c 生成目标代码文件 ＊.hex, 它就是需要的能被单片机直接识别的十六进制文件。

1) 启动 Keil 软件

单击如图 1-2 中所示的图标, 启动 Keil 软件。启动后的 Keil 软件界面如图 1-3 所示, 主要分为工程项目管理窗口、源程序编辑窗口和输出窗口三部分。

Keil 软件图标

扫一扫看
Keil软件
使用微课
视频

图 1-2　启动 Keil 软件

图 1-3　Keil 软件工作界面

2）新建工程项目

选择 Keil 软件工作界面中的 Project→New Project 命令，新建一个工程项目，如图 1-4 所示。

图 1-4　新建工程项目

系统弹出如图 1-5 所示的对话框，选择所要保存的路径，并输入工程项目的名字（工程项目命名与文件命名类似，不需要输入后缀，默认工程项目后缀为 .uv2），然后单击"保存"按钮即可。

图 1-5　工程路径及文件名设置

扫一扫看Keil
C51软件新建
工程和源文件
微课视频

这时将弹出如图 1-6 所示的对话框，选择单片机的型号。这里根据自己所使用的单片机进行选择。Keil 几乎支持所有 C51 核的单片机，本书使用的单片机为 ATMEL 公司的 AT89C51。

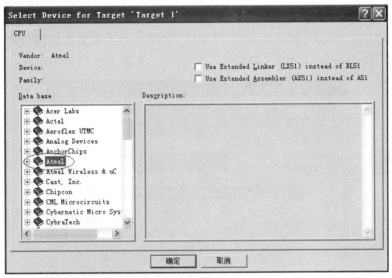

图 1-6　选择单片机器件类型

首先选择 Atmel 公司，然后单击左边的"+"号选择具体的单片机型号 AT89C51，右边有对这个单片机的基本说明，如图 1-7（a）所示。再单击"确定"按钮，在随后弹出的如图 1-7（b）所示的对话框中单击"否"按钮即可。

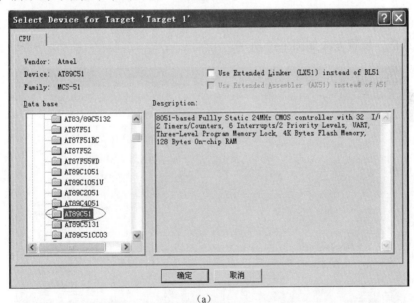

（a）

（b）

图 1-7　选择单片机型号

3）设置工程的软硬件环境

将鼠标指向左边 Project Workspace 工程窗口中的 Target 1 并单击鼠标右键，从弹出的快捷菜单中选择"Options for Target 'Target 1'"命令，如图 1-8 所示。

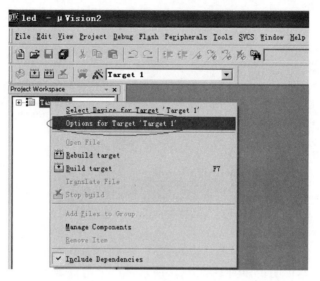

图 1-8　选择"Options for Target 'Target 1'"命令

从弹出的"Options for Target 'Target 1'"对话框中选择 Output 选项卡，勾选 Create HEX File 复选框，设置方法如图 1-9 所示。

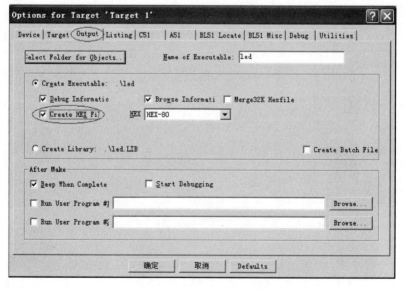

图 1-9　Output 选项卡设置

若要使用硬件进行仿真，则还需要设置 Debug 选项。在图 1-9 中单击 Debug 选项卡，选中 Use 单选按钮，并选择仿真器型号为 TKS-58B，单击"确定"按钮即可。设置方法如图 1-10 所示。

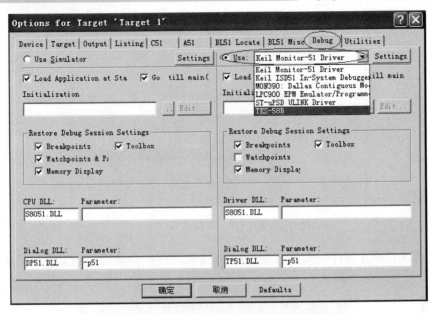

图 1-10 Debug 选项卡设置

4）建立源程序文件

（1）在菜单栏中选择 File→New 命令，或直接单击工具栏中的 按钮来建立一个新文件，此时默认的文件名为 Text1，用户可以修改文件名。选择 File→Save As 命令，将弹出如图 1-11 所示的对话框，在"文件名"文本框中输入用户使用的文件名，如 led。同时，必须输入正确的后缀名 .c，然后单击"保存"按钮即可得到 led.c 的 C 语言文件。

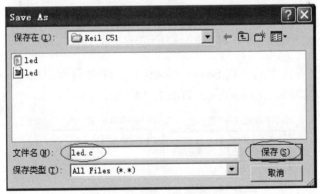

图 1-11 源程序文件重命名

如果用汇编语言编写程序，则扩展名为".asm"，如果用 C 语言编写程序，则扩展名为".c"，且必须添加扩展文件名。

（2）在工程项目管理窗口中，单击 Target 1 前面的"+"号，然后在 Source Group 1 上单击鼠标右键，将弹出如图 1-12 所示的快捷菜单。

单击"Add Files to Group 'Source Group 1'"，弹出如图 1-13 所示的对话框。在"文件类型"文本框中默认选择为 C Source file（*.c），由于本书中使用的都是 C 语言源程序，不

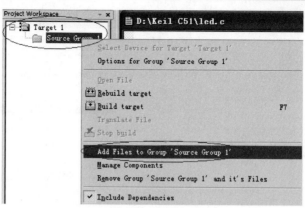

图1-12　快捷菜单

需要更改。再选择刚才保存的文件名led.c，双击该文件则自动添加至工程项目中，最后单击Close按钮，关闭对话框。

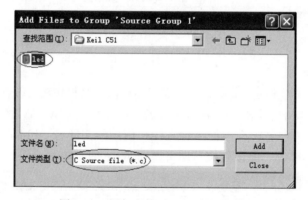

图1-13　添加文件至工程项目对话框

添加文件至工程项目中后，在Source Group 1文件夹前面出现了一个"+"号，单击"+"号即可看到刚才添加的文件led.c，如图1-14所示。

图1-14　添加文件后工程项目栏变化

（3）在编辑窗口中输入用户编写的源程序代码，如图1-15所示。在输入时，Keil软件会自动识别关键字，凡是Keil软件的关键字均以蓝色显示，这样有利于提高编程效率，程序编写完毕后再次保存即可。

5）编译

源程序代码输入完毕后，选择Project→Build target命令（或按快捷键F7），或单击工具栏中的■按钮来进行编译，如图1-16所示。

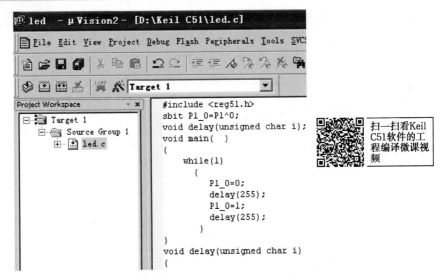

扫一扫看Keil C51软件的工程编译微课视频

图 1-15 源代码的输入状态图

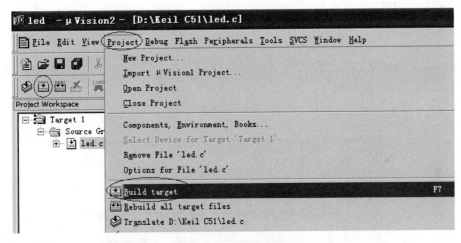

图 1-16 编译菜单

在编译过程中，如果源程序代码有错误（编译只能检查出语法错误，逻辑错误检查不出），则在输出窗口中会出现所有的错误的位置及错误原因，并有 Target not created 提示，如图 1-17 所示。

将所有的错误进行修改、编译，如果编译还有错误，则继续修改，直至最后没有错误，则编译通过，如图 1-18 所示，同时建立了 led. hex 文件。

至此，单片机需要的 .hex 文件产生完成。编译产生的 *.hex 文件用编程器烧录到单片机或直接加载进 Proteus 仿真芯片，即可运行。

📄**小知识**

编译只是对当前程序进行编译，产生与之对应的二进制或十六进制文件，如果编译后又做了修改，一定要再进行编译，产生新的二进制或十六进制文件。可以通过查看文件生成的时间来了解系统产生的是否是最新的二进制或十六进制文件。

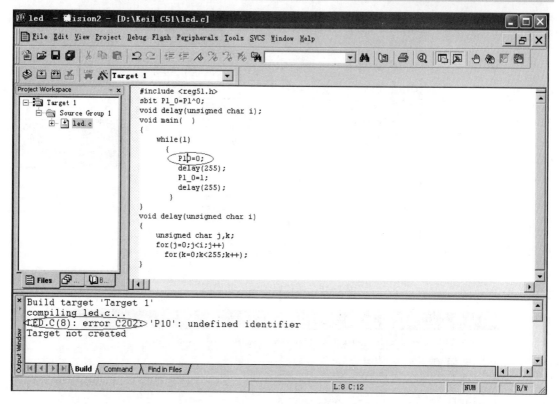

图1-17　错误提示

```
× Build target 'Target 1'
  compiling led.c...
  linking...
  Program Size: data=9.0 xdata=0 code=48
  creating hex file from "led"...
  "led" - 0 Error(s), 0 Warning(s)
```

图1-18　编译成功提示图

扫一扫看烧录器使用微课视频

6. 动手做4——单片机加载二进制或十六进制文件的方式

在"动手做3"中产生的二进制或十六进制目标文件，单片机常用的有两种加载方式。

1）用编程器烧录二进制或十六进制目标文件到单片机

编程器又称为烧录器（Programmer），其作用就是把用户编译好的机器码文件写入到单片机的程序存储器中，单片机所支持的文件为十六进制，文件属性一般为"＊.bin"或"＊.hex"。对于不同型号的单片机来说，生产厂家都要为其提供配套的编程器进行程序固化。但由于生产厂家众多，单片机芯片型号数不胜数，不可能每一种单片机芯片都有专用的编程器对其进行固化，因此有些公司研制出通用编程器。通用编程器可以支持多种型号的单片机芯片进行程序的读、写操作。常见的通用编程器有广州长兴晶工科技开发有限公司生产的 TOP 系列通用编程器、周立功公司生产的 EasyPro 系列通用编程器和南京西尔特公司生产的 SUPERPRO 通用编程器。本教材使用的是 TOP 系列中的 TOP853 通用编程器，其外形如图 1-19 所示。

下面详细介绍 TOP853 通用编程器的使用方法。

（1）打开计算机，接好编程器及与计算机的 USB 通信线（否则提示不能打开设备），单击桌面中的图标，启动 TopWin 编程器软件，进入编程器主界面，如图 1-20 所示。

（2）插芯片。把待固化 CPU 芯片（如 AT89C51）插入编程器上的 CPU 插槽（注意不要插错方向）。

（3）装载文件。选择"文件"→"装载文件"命令（也可单击图标），将编译生成的目标程序 led.hex 选上，单击"打开"按钮，如图 1-21 所示。再选中十六进制的文件格式，单击"确认"按钮，如图 1-22 所示。生成的目标代码如图 1-23 所示。

图 1-19　TOP853 通用编程器外形

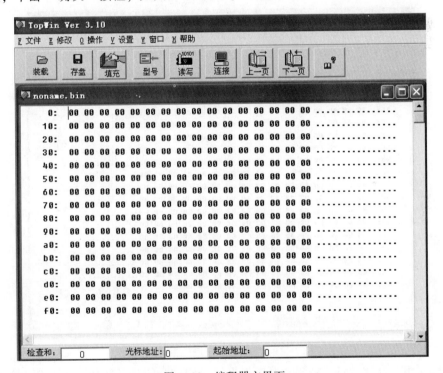

图 1-20　编程器主界面

（4）选择芯片型号并将目标代码固化到 AT89C51 中。选择"操作"→"选择型号"命令（也可单击图标），弹出如图 1-24 所示的对话框，选择 ATMEL 公司的型号为 AT89C51 单片机，单击"确定"按钮，出现如图 1-25 所示的窗口。然后对芯片进行一系列的"组合操作"，单击"自动"按钮，这时目标代码已烧写到单片机芯片 AT89C51 中，固化即结束。也可对芯片的"擦除"、"检查空片"、"写器件"、"校对"、"读器件"等进行单项操作，具体就不再详述。

至此，编程器已将二进制或十六进制文件烧录进单片机内。

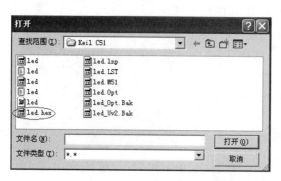

图 1-21　装载文件

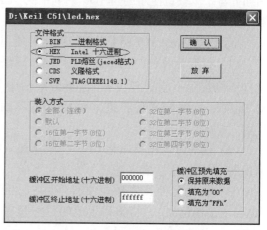

图 1-22　选择十六进制的格式

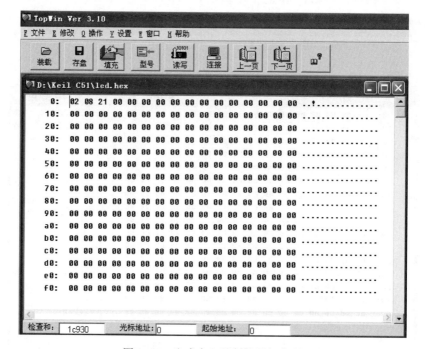

图 1-23　生成十六进制的目标代码

由于购买编程器比较贵，初学者可以根据绪言中的介绍自己制作一个 ISP 下载线，在线下载。

2）直接加载二进制或十六进制文件到 Proteus 中仿真

Proteus 是目前最先进的单片机系统设计与仿真平台。它实现了在计算机上完成单片机系统的电路设计、代码调试及仿真、系统测试与功能验证，到形成 PCB 的完整设计研发过程。本节主要介绍 Proteus 的基本使用方法，其主要编辑环境界面如图 1-26 所示。

（1）启动 Proteus。单击桌面中的快捷图标 ，打开 Proteus。

（2）选择电路所需器件。通过对象选择按钮，输入以下所需元件：

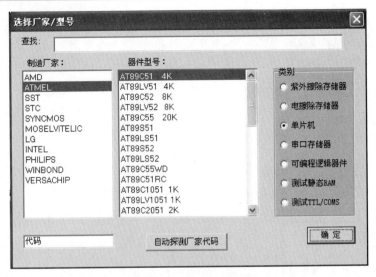

图 1-24　选择芯片型号

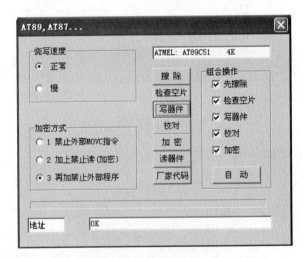

扫一扫看程序下载及仿真运行微课视频

图 1-25　选择操作对象

① AT89C51，单片机；

② RES，电阻；

③ CAP、CAP-ELEC，电容、电解电容；

④ BUTTON，按钮；

⑤ LED-GREEN，绿色发光二极管。

扫一扫看建立 Proteus 工程文件微课视频

（3）绘制仿真电路。放置元器件、电源和地，设置参数，连线，最后进行电气规则检查。仿真电路如图 1-27 所示。

（4）加载目标二进制或十六进制代码到单片机仿真芯片。双击 AT89C51 芯片，弹出如图 1-28 所示的对话框。单击 Program File 加载处文件夹图标，将目标代码文件＊.hex 加载到 AT89C51 单片机中。

（5）仿真。单击仿真进程控制按钮栏中的播放，则可观察到电路运行的现象。

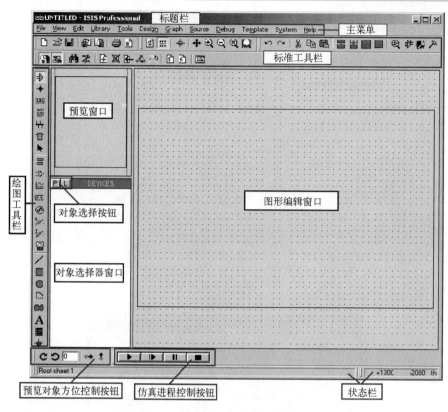

图 1-26 Proteus 的编辑环境界面

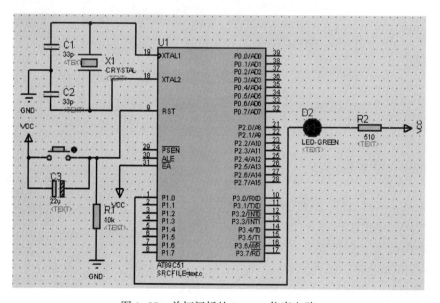

图 1-27 单灯闪烁的 Proteus 仿真电路

扫一扫看仿真电路的搭建与输入微课视频

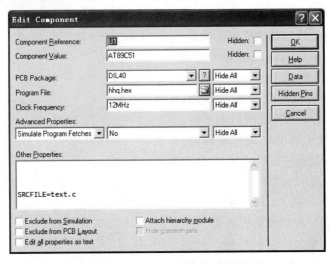

图 1-28　目标代码加载对话框

7. 举一反三

问：如果想让发光二极管闪烁频率慢一些，如何实现呢？

答：依然可以采用图 1-1 所示的电路，只要将 ex1_1.c 中的程序修改一个地方即可，即将调用延时函数 delay(100) 中的数值改大些即可。

编译加载，观察结果。

8. 任务小结

本任务采用单片机 P1.0 引脚控制一个发光二极管闪烁，以最简单的工作让单片机动起来了，同时熟悉了单片机最小系统。

任务 1-2　蜂鸣器发声报警电路设计

1. 任务要求

单片机的 I/O 口除了可以控制发光二极管，还可以用来驱动许多其他的简单小器件，如蜂鸣器。

2. 跟我学——蜂鸣器的工作原理

蜂鸣器是一种一体化结构的电子讯响器，广泛应用于计算机、打印机、复印机、报警器、电子玩具、汽车电子设备、电话机、定时器等电子产品中作为发声器件。蜂鸣器主要分为压电式蜂鸣器和电磁式蜂鸣器两种类型。

蜂鸣器发声原理是电流通过电磁线圈，使电磁线圈产生磁场来驱动振动膜发声，因此需要一定的电流才能驱动它，单片机 I/O 引脚输出的电流较小，单片机输出的 TTL 电平基本上驱动不了蜂鸣器，因此需要增加一个电流放大的电路。可以通过一个三极管 9012 来放大驱动蜂鸣器，原理图如图 1-29 所示。

三极管采用 PNP 管，发射极接电源，集电极接蜂鸣器的正极，蜂鸣器负极直接接地。三极管的基级 b 经过限流电阻 R_2 后由单片机的 P1.0 引脚控制，当 P1.0 引脚输出高电平时，三极管 VT 截止，没有电流流过线圈，蜂鸣器不发声；当 P1.0 引脚输出低电平时，三极管导通，这样蜂鸣器的电流形成回路，发出声音。因此，可以通过程序控制 P1.0 引脚的电平来使蜂鸣器发出声音和关闭。

在程序中改变单片机 P1.0 引脚输出波形的频率，就可以调整控制蜂鸣器音调，产生各种不同音色、音调的声音。另外，改变 P1.0 引脚输出电平的高低电平占空比，则可以控制蜂鸣器的声音大小，这些都可以通过编程实验来验证。

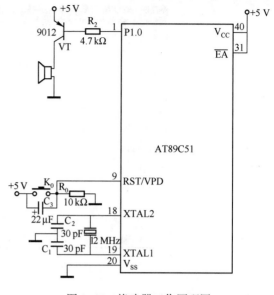

图 1-29　蜂鸣器工作原理图

3. 动手做

电路仿真图如图 1-30 所示。蜂鸣器发声报警应用的程序如下：

```
//程序:ex1_2.c
//功能:蜂鸣器发声报警
#include <reg51.h>          //包含头文件 reg51.h
sbit    P1_0 = P1^0;        //定义位名称
void    delay(unsigned char i);
void    main()              //主函数
{
   while(1)
   {
     P1_0=0;                //输出低电平
     delay(1);              //调用延时函数
     P1_0=1;                //输出高电平
     delay(1);              //调用延时函数
   }
}
//函数名:delay
//函数功能:实现软件延时,大约 i * 2.5 ms
//形式参数:unsigned char i;i 控制空循环的外循环次数,共循环 i * 255 次
//返回值:无
void delay(unsigned char i)  //延时函数,无符号字符型变量 i 为形式参数
{
```

```
unsigned char j,k;                          //定义无符号字符型变量 j 和 k
    for(k=0;k<i;k++)                        //双重 for 循环语句实现软件延时
        for(j=0;j<255;j++);
}
```

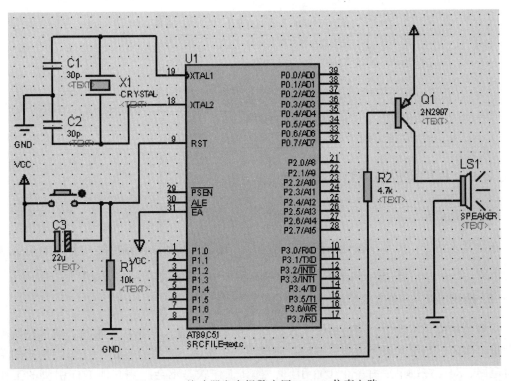

图 1-30 蜂鸣器发声报警应用 Proteus 仿真电路

将目标代码文件 ex1_2.hex 下载到 Proteus 仿真电路或单片机的程序存储器中，观察显示结果。

 扫一扫看扩展任务 1 用继电器模拟开关灯电路设计

项目小结

本项目涉及发光二极管、蜂鸣器和继电器工作的基本原理及注意事项，从最简单的单灯闪烁入手，引导学生进入单片机的控制世界，侧重训练单片机并行 I/O 口的输出驱动应用能力。

本项目的知识点如下：

◇ 单片机最小系统；

◇ 单片机的 I/O 口作为输出的工作原理；

◇ 发光二极管、蜂鸣器、继电器的工作原理。

扫一扫
看本项
目教学
课件

项目2　用按键控制不同功能的灯

训练任务	◇ 用单键控制单灯电路设计； ◇ 模拟汽车转向控制电路设计
知识详解	◇ 独立式按键工作原理； ◇ if 语句； ◇ switch 语句
学习要点	用按键控制 LED 灯的电路设计
扩展任务	实用 4 路抢答器电路设计
建议学时	6

任务2-1　用单键控制单灯电路设计

1. 任务要求

在日常生活中，经常用按键来控制灯的亮灭。这里主要利用按键控制一个 LED 灯，实现亮灭显示。

2. 跟我学1——独立式按键

在单片机应用系统中，通过按键实现控制功能和数据输入是非常普遍的。通常在所需按键数量不多时，系统常采用独立式按键。所谓独立式按键，是指直接用 I/O 引脚构成的单个按键电路，每个按键单独有一个 I/O 引脚，且其工作状态不会影响其他 I/O 引脚的工作状态。这种按键的电路配置灵活，软件结构简单，但每个按键必须占用一个 I/O 引脚。因此，在按键数量较多时，I/O 引脚浪费较大，不宜采用。

按键按照结构原理可分为两类：一类是触点式开关按键，如机械式开关、导电橡胶式开关等；另一类是无触点开关按键，如电气开关、磁感应开关等。前者造价低，使用方便，后者使用寿命长，适用于特殊场合。

机械式开关在按下或释放时，由于机械弹性作用的影响，通常伴有一定时间的触点机械抖动，然后其触点才稳定下来，抖动的时间一般为 5 ～ 10 ms。在触点抖动期间若检测按键的通断状态，可能导致判断出错。

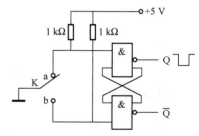

图 1-31　按键去抖电路

按键的机械抖动可采用如图 1-31 所示的基本 RS 触发器构成的硬件电路来消除，但如果按键的数量较多，采用硬件电路来消除抖动的成本就会增高，此时通常采用软件方法进行消抖。

软件消抖编程思路：在检测到有键按下时，先执行 10 ms 的延时程序，然后再重新检测该键是否真正按下，以确认该键按下不是因为抖动产生的。同理，在检测到按键释放时，也采用先延时再判断的方法消除抖动的影响。

📖小问答

问：按键硬件电路采用基本 RS 触发器来进行消抖，其原理是什么？

答：如图 1-31 所示，若按键 K 在 a 位置，基本 RS 触发器的输出 Q=1；若按键 K 在 b 位置，则输出 Q=0。在按键 K 从 a 位置拨向 b 位置过程中，当中有一中间态，此时按键 K 既没有在 a 位置，也没有在 b 位置，此时触发器的状态为保持，输出 Q 不变，即消除抖动。

3. 跟我学2——基本 if 语句

在 C 语言中，选择结构程序设计一般用 if 语句或 switch 语句来实现。if 语句有 if、if-else 和 if-else-if 三种不同的形式。

基本 if 语句格式如下：

```
if(表达式)
    {
        语句组；
    }
```

if 语句执行的过程是：当表达式为真时，执行语句组，否则跳过该语句组，继续执行下面的语句。

试判断执行以下程序段后 a 的值。

```
int a=2,b=3;     //定义整型变量 a 和 b,并为其赋值
if(a>b)
    a=5;
```

显然，由于 a=2，b=3，a<b，因此语句组不被执行，a 的值为 2。

在基本 if 语句中，如果语句组的数量只有一条，则其大括号 ｛｝ 可以省略。

4. 动手做1——画出硬件电路图

单片机有 4 组 8 位的 I/O 引脚 P0、P1、P2、P3，任意一个 I/O 引脚都可以用来控制一个 LED 灯的亮灭显示（P0 口要外接上拉电阻），该任务采用 P1 口的 P1.0 控制 LED 灯，P3.0 连接按键。用按键控制一个 LED 灯电路如图 1-32 所示，所用器件如表 1-2 所示。

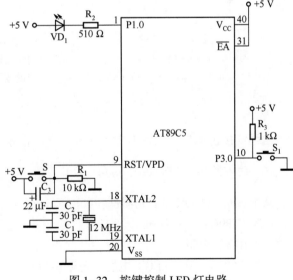

图 1-32　按键控制 LED 灯电路

表1-2　按键控制LED灯电路器件清单

元件名称	参数	数量	元件名称	参数	数量
IC插座	DIP40	1	电阻	1 kΩ	1
单片机	AT89C51	1	LED		1
晶体振荡器	12 MHz	1	按键		2
电阻	510 Ω	1	电解电容	22 μF	1
电阻	10 kΩ	1	瓷片电容	30 pF	2

5. 动手做2——单键控制单灯的程序

下面来编写单键控制单灯程序，先考虑下面的问题：

在图1-32所示电路中，要使按键 S_1 控制LED灯，只需要判断按键 S_1 是否按下，若 S_1 按下，则P3.0为低电平，反之则为高电平。一旦检测到按键按下与否，则置连接LED的P1.0为相应的电平，即可控制LED灯的亮灭显示。

单键控制单灯程序如下：

```
//程序:ex2_1.c
//功能:单键控制单灯程序
#include <reg51.h>
sbit P1_0=P1^0;                    //定义P1.0引脚名称为P1_0
sbit P3_0=P3^0;                    //定义P3.0引脚名称为P3_0
void   main()                      //主函数
{
    bit led;                       //定义位变量led
    while(1)
    {
    P3_0=1;                        //P3.0作为输入口,置1
    led=P3_0;                      //读P3.0
    if(led==1)    P1_0=1;          //判断按键是否按下,若没有按下,灯熄灭
    if(led==0)    P1_0=0;          //按键按下,灯点亮
    }
}
```

编译链接过程参见项目1中的任务，将源程序ex2_1.c生成目标代码文件ex2_1.hex。

6. 动手做3——Proteus仿真

从Proteus中选取如下元器件：

（1）AT89C51，单片机；

（2）RES，电阻；

（3）CAP、CAP-ELEC，电容、电解电容；

（4）LED，发光二极管；

（5）CRYSTAL，晶振；

（6）SWITCH，开关；

（7）BUTTON，按键。

放置元器件、电源和地，设置参数，连线，最后进行电气规则检查，将目标代码文件 ex2_1. hex 加载到 AT89C51 单片机中，电路仿真效果如图 1-33 所示。

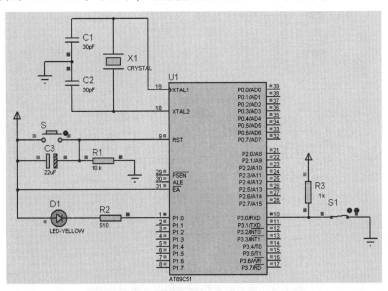

图 1-33　单键控制单灯的 Proteus 仿真电路

7. 任务小结

本任务采用单片机 P3.0 控制按键，利用按键的通断来控制 LED 灯的亮灭。应熟练掌握按键控制编程技术。

扫一扫看汽车左右转向灯控制电路设计微课视频

任务 2-2　模拟汽车转向控制电路设计

1. 任务要求

安装在汽车不同位置的信号灯是汽车驾驶员之间及驾驶员向行人传递汽车行使状况的语言工具。一般包括转向灯、刹车灯、倒车灯等，其中，汽车转向灯包括左转灯和右转灯。其显示状态如表 1-3 所示。

表 1-3　汽车转向控制显示状态

转向灯显示状态		驾驶员命令	开关状态	
左转灯	右转灯		S_0	S_1
灭	灭	无命令	1	1
灭	闪烁	右转命令	1	0
闪烁	灭	左转命令	0	1
闪烁	闪烁	故障命令	0	0

本设计中用两个按键 S_0、S_1 来模拟驾驶员发出的命令，两者的对应关系见表 1-3。

2. 动手做 1——画出硬件电路图

利用单片机 AT89C51 的 P1 口的前两位 P1.0 和 P1.1 模拟汽车的左、右转向灯，P3 口的

P3.1 和 P3.2 连接按键，控制左右转向灯的状态。汽车模拟转向控制设计电路如图 1-34 所示，所用器件如表 1-4 所示。

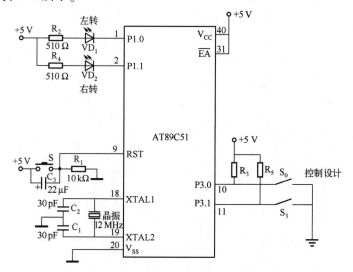

图 1-34　模拟汽车转向控制器电路设计

表 1-4　模拟汽车转向控制器电路器件清单

元件名称	参数	数量	元件名称	参数	数量
IC 插座	DIP40	1	电阻	10 kΩ	1
单片机	AT89C51	1	电阻	510 Ω	2
晶体振荡器	12 MHz	1	电阻	1 kΩ	2
LED	发光二极管	2	电解电容	22 μF	1
按键		3	瓷片电容	30 pF	2

3. 动手做 2——编写模拟汽车转向控制电路的程序

在图 1-34 所示的电路中，按键 S_0、S_1 的不同状态组合，控制 LED 灯 VD_1、VD_2 的状态，则只须检测连接按键 S_0、S_1 的 P3.0 和 P3.1 的电平高低，再给 P1.0 和 P1.1 相应的高低电平即可实现。由于不仅仅要使 LED 灯亮，并且还要闪烁，程序中使用了 while 语句，其表达式为常数 1，即循环条件永远成立，不断重复执行，属于无限循环，从而实现闪烁的效果。程序中还使用了延时语句 delay，用于控制闪烁的时间间隔，其时间长短可由实参进行传递。

汽车模拟转向控制电路的程序如下：

```
//程序:ex2_2.c
//功能:模拟汽车转向控制器程序
#include <reg51.h>
void delay(unsigned char i);            //延时函数声明
sbit P1_0=P1^0;                         //定义 P1.0 引脚名称为 P1_0
sbit P1_1=P1^1;                         //定义 P1.1 引脚名称为 P1_1
sbit P3_0=P3^0;                         //定义 P3.0 引脚名称为 P3_0
sbit P3_1=P3^1;                         //定义 P3.1 引脚名称为 P3_1
```

```
void  main( )                        //主函数
{
    while(1)                          //无限循环
    {
        P3_0 = 1;                     //P3.0 作为输入口,置 1
        P3_1 = 1;                     //P3.1 作为输入口,置 1
        switch(P3)
        {
            case 0xfc:  P1_0 = 0,P1_1 = 0;break;
            case 0xfd:  P1_0 = 1,P1_1 = 0;break;
            case 0xfe:  P1_0 = 0,P1_1 = 1;break;
            case 0xff:  P1_0 = 1,P1_1 = 1;break;
        }
        delay(200);                   //延时,控制闪烁时间
        P1_0 = 1;                     //左转灯熄灭
        P1_1 = 1;                     //右转灯熄灭
        delay(200);                   //延时
    }
}
//函数名:delay
//函数功能:实现软件延时,大约 i * 2.5 ms
//形式参数:unsigned char i;i 控制空循环的外循环次数,共循环 i * 255 次
//返回值:无
void delay( unsigned char i)         //延时函数,无符号字符型变量 i 为形式参数
{
    unsigned char j,k;               //定义无符号字符型变量 j 和 k
    for( k = 0;k<i;k++)              //双重 for 循环语句实现软件延时
        for( j = 0;j<255;j++);
}
```

注释对照：

```
case 0xfc:  P1_0 = 0,P1_1 = 0;break;   //按键 S0 和 S1 均按下(S0 为 0,S1 为 0)
case 0xfd:  P1_0 = 1,P1_1 = 0;break;   //按键 S1 按下,S0 未按下(S0 为 1,S1 为 0)
case 0xfe:  P1_0 = 0,P1_1 = 1;break;   //按键 S0 按下,S1 未按下(S0 为 0,S1 为 1)
case 0xff:  P1_0 = 1,P1_1 = 1;break;   //按键 S0 和 S1 均未按下(S0 为 1,S1 为 1)
```

编译链接过程参见项目 1 中的任务,将源程序 ex2_2.c 生成目标代码文件 ex2_2.hex。

📖**小知识**

if 语句一般用在单一条件或者分支数目较少的场合,如果使用 if 语句来编写超过 3 个以上的分支程序,则程序的可读性将降低。C 语言提供了一种用于多分支选择的 switch 语句。其一般格式如下:

```
switch(表达式)
{
    case  常量表达式 1:语句组 1;break;
    case  常量表达式 2:语句组 2;break;
        ......
    case  常量表达式 n:语句组 n;break;
    default:        语句组 n+1;
}
```

扫一扫看
switch 语
句教学课
件

扫一扫看
switch 语
句微课视
频

该语句的执行过程是：运行 switch 后面的表达式的值将会作为条件，与 case 后面的各个常量表达式的值相对比，如果相等，则执行后面的语句组，再执行 break（间断语句）语句（break 语句也可省略），跳出 switch 语句。如果表达式的值与 case 后面常量表达式的值均不相等，则执行 default 后面的语句组。当要求没有符合条件时也不做任何处理，则可以不写 default 语句。

4. 动手做 3——Proteus 仿真

从 Proteus 中选取如下元器件：

（1）AT89C51，单片机；

（2）RES，电阻；

（3）CAP、CAP-ELEC，电容、电解电容；

（4）LED-YELLOW，发光二极管；

（5）CRYSTAL，晶振；

（6）SWITCH，开关；

（7）BUTTON，按键。

放置元器件、电源和地，设置参数，连线，最后进行电气规则检查，将目标代码文件 ex2_2. hex 加载到 AT89C51 单片机中，电路仿真效果如图 1-35 所示。

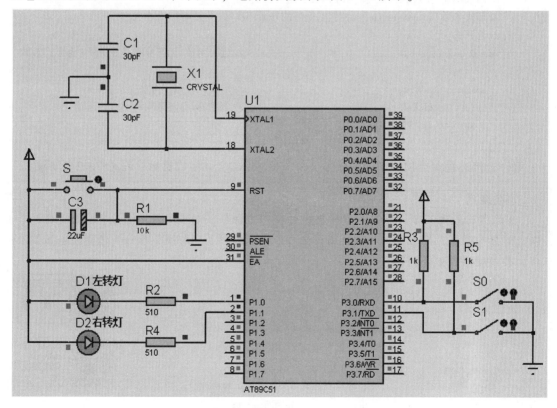

图 1-35　模拟汽车转向控制的 Proteus 仿真电路

5. 举一反三

问：如果要求程序用 if-else 语句来编写，怎么修改程序？

答：电路依然可以采用图 1-34 所示的电路，只要将 ex2_2.c 中的程序修改一个地方即可，即将主程序 main 中的 switch 多分支语句修改为 if-else 语句。修改的 if-else 语句如下：

```
if(P3_0＝0&&P3_1＝0)              //按键 S0 和 S1 均按下
    {
        P1_0＝0;
        P1_1＝0;
    }
else if(P3_0＝0&&P3_1＝1)         //按键 S0 按下，S1 未按下
    {
        P1_0＝0;
        P1_1＝1;
    }
else if(P3_0＝1&&P3_1＝0)         //按键 S0 未按下，S1 按下
    {
        P1_0＝1;
        P1_1＝0;
    }
else if(P3_0＝1&&P3_1＝1)//按键 S0 和 S1 均未按下
    {
        P1_0＝1;
        P1_1＝1;
    }
```

编译加载，观察结果，与利用 switch 语句实现的功能完全相同。

📖**小知识**

1) if-else 语句

if-else 语句的一般格式如下：

```
if(表达式)
    {
        语句组 1;
    }
else
    {
        语句组 2;
    }
```

if-else 语句执行的过程是：当表达式为真时，执行语句组 1，否则执行语句组 2。

例如，有如下程序段，试判断执行该程序段后 a 的值。

```
int a=2,b=3;        //定义整型变量 a 和 b,并为其赋值
if(a>b)
    a=5;
else
    a=6;
```

显然，由于 a=2, b=3, a<b, 因此语句组 1 不被执行，a 的值为 6。

2) if-else-if 语句

if-else-if 语句是 if-else 语句的嵌套，用于实现多个条件分支的选择。其一般格式如下：

```
if(表达式 1)
    语句组 1;
else if(表达式 2)
        语句组 2;
    else if(表达式 3)
            语句组 3;
        ……
    else if(表达式 n)
            语句组 n;
        else    语句组 n+1;
```

if-else-if 语句执行的过程是：当表达式 i 的值为真时，执行其对应的语句组 i，跳过剩余的 if 语句组，继续执行该语句下面的一个语句。若所有表达式均为假，则执行最后一个 else 后的语句组 n+1，然后再继续执行下面的一个语句。

试利用 if-else-if 语句编写程序段，实现下面的符号函数。

$$y = \begin{cases} -1, & x < 0 \\ 0, & x = 0 \\ 1, & x > 0 \end{cases}$$

程序如下：

```
if(x>0)
        y=1;
else    if(x=0)
            y=0;
    else
                y=-1;
```

6. 任务小结

本任务采用单片机的 P3 口的前两位 P3.0 和 P3.1 控制按键，利用按键的通断来控制

LED 灯 VD$_1$ 和 VD$_2$ 的状态，主要训练单片机并行 I/O 口的应用能力，同时掌握单片机中 C 语言的 if 语句和 switch 语句，并熟练掌握分支程序的编写及调试能力。

 扫一扫看扩展任务2实用4路抢答器电路设计

 扫一扫看实用4路抢答电路设计程序

项目小结

本项目涉及按键控制 LED 灯的基本原理，从最简单的单个按键控制单灯逐步过渡到 2 个按键控制 2 个 LED 灯（模拟汽车转向控制设计），最后扩展为 4 个按键控制 4 个 LED 灯。项目主要是训练单片机并行 I/O 口的应用能力，if-else 语句、switch 语句及分支程序的编写及调试。

本项目的知识点如下：

◇ 独立式按键；

◇ if 语句（包括三种 if 语句）；

◇ switch 语句。

单元 2

显示接口及应用

单片机应用系统经常需要连接一些外部设备，其中显示器是构成人机对话的一种基本方式，使用最为频繁。本章将介绍常用的显示器件的工作原理以及它们如何与单片机接口相连，如何相互传送信息等技术。

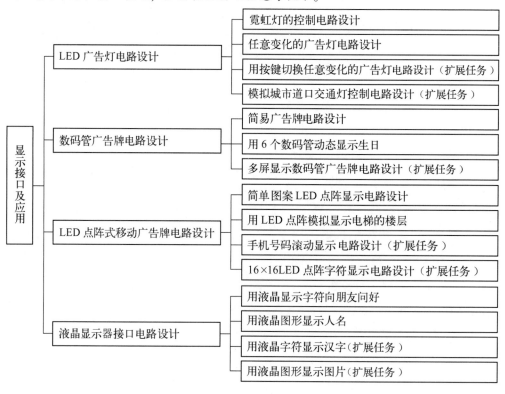

显示接口及应用

- LED 广告灯电路设计
  - 霓虹灯的控制电路设计
  - 任意变化的广告灯电路设计
  - 用按键切换任意变化的广告灯电路设计（扩展任务）
  - 模拟城市道口交通灯控制电路设计（扩展任务）

- 数码管广告牌电路设计
  - 简易广告牌电路设计
  - 用 6 个数码管动态显示生日
  - 多屏显示数码管广告牌电路设计（扩展任务）

- LED 点阵式移动广告牌电路设计
  - 简单图案 LED 点阵显示电路设计
  - 用 LED 点阵模拟显示电梯的楼层
  - 手机号码滚动显示电路设计（扩展任务）
  - 16×16LED 点阵字符显示电路设计（扩展任务）

- 液晶显示器接口电路设计
  - 用液晶显示字符向朋友问好
  - 用液晶图形显示人名
  - 用液晶字符显示汉字（扩展任务）
  - 用液晶图形显示图片（扩展任务）

项目 3　LED 广告灯电路设计

扫一扫看本项目教学课件

扫一扫看 LED 广告灯电路设计微课视频

训练任务	◇ 霓虹灯的控制电路设计； ◇ 任意变化的广告灯电路设计
知识详解	◇ LED 发光二极管接口电路设计； ◇ for 语句； ◇ 一维数组
学习要点	掌握 LED 灯与单片机的硬件接口（任务 3-1）； 学习 for 循环的设计使用方法（任务 3-1）； 学习一维数组的使用（任务 3-2）
扩展任务	◇ 用按键切换任意变化的广告灯电路设计； ◇ 模拟城市道口交通灯控制电路设计
建议学时	6

任务 3-1　霓虹灯的控制电路设计

扫一扫看模拟霓虹灯电路 Proteus 仿真录屏

1. 任务要求

城市的夜空经常被各种各样的霓虹灯点缀得五彩缤纷，这里要做的是利用单片机制作一个霓虹灯的控制系统，使霓虹灯具有多种显示模式。

2. 跟我学——设计 8 个 LED 灯与单片机的硬件接口

利用 LED 发光二极管模拟霓虹灯管。在项目 1 中，实现了用单片机的 P1 口控制一个发光二极管的亮、灭状态。如果把 P1 口的 8 个引脚都用上，则可以控制 8 个发光二极管，采用输出口扩展方式，则可以控制更多的发光二极管，即可以控制更多的霓虹灯管。为使问题简单，首先实现用 P1 口控制 8 个发光二极管，使之以各种不同显示方式点亮或熄灭，由此模拟出与实际霓虹灯类似的效果。

与项目 1 的一个 LED 灯的接口比较，本设计中除了多接 7 个发光二极管外，在 P1 口与发光二极管之间还增加了一个芯片 74LS240，这是一块具有驱动功能的八反相器。当 P1 口的某一位输出为低电平 0 时，反相后输出高电平，点亮对应的发光二极管；当 P1 口的某一位输出为高电平 1 时，反相后输出低电平，对应的发光二极管熄灭。

📖**小经验**

在单片机输出端口电路中经常会使用集成驱动芯片、缓冲与锁存芯片，如 74LS245 或集电极开路电路 74LS06、74LS07 等，这是为了增加端口扇出电流，提高负载能力。

此例中，在 P1 口和 LED 之间连接了一个 74LS240，它是一块具有驱动功能的八反相器。除反相功能外，还可以起到隔离作用，保护单片机芯片内部电路，增加输出口的扇出能力。

3. 动手做1——画出硬件电路图

单片机有4组8位的I/O口P0、P1、P2、P3，任意一组I/O口都可以用来控制8个LED灯工作（P0口要外接上拉电阻），该任务采用P1口。用单片机控制8个LED灯工作的电路如图2-1所示，所用器件如表2-1所示。

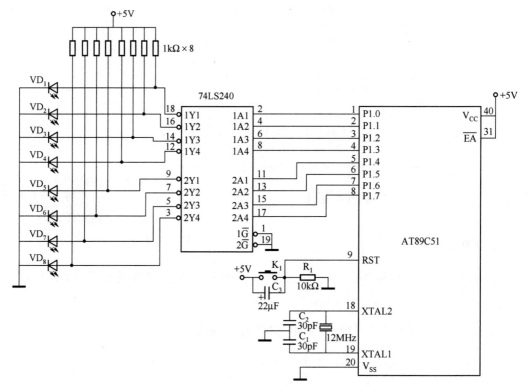

图2-1　霓虹灯控制电路

表2-1　霓虹灯控制电路器件清单

元件名称	参数	数量	元件名称	参数	数量
单片机	AT89C51	1	按键		1
电阻	1kΩ	8	电阻	10kΩ	1
八反相器	74LS240	1	电解电容	22μF	1
发光二极管		8	IC插座	DIP40	1
晶体振荡器	12MHz	1	瓷片电容	30pF	2
电源	直流+5V	1			

4. 动手做2——编写霓虹灯控制的程序

8个霓虹灯闪烁控制的程序如下：

扫一扫看控制8个霓虹灯闪烁程序

//程序:ex3_1.c

//功能:控制8个霓虹灯闪烁程序

```
#include <reg51.h>    //包含头文件 rec51.h,定义了 MCS-51 单片机的特殊功能寄存器
void delay(unsigned char i);              //延时函数声明
void      main()                          //主函数
{
    while(1){
    P1 = 0x00;                            //将 P1 口的 8 位引脚清 0,点亮 8 个 LED
    delay(200);                           //延时
    P1 = 0xff;                            //将 P1 口的 8 位引脚置 1,熄灭 8 个 LED
    delay(200);                           //延时
             }
}
//函数名:delay
//函数功能:实现软件延时,大约 i*2.5 ms
//形式参数:unsigned char i;i 控制空循环的外循环次数,共循环 i*255 次
//返回值:无
void delay(unsigned char i)               //延时函数,无符号字符型变量 i 为形式参数
{
    unsigned char j,k;                    //定义无符号字符型变量 j 和 k
    for(k=0;k<i;k++)                      //双重 for 循环语句实现软件延时
        for(j=0;j<255;j++);
}
```

编译链接过程参见项目 1 中的任务，将源程序 ex3_1.c 生成目标代码文件 ex3_1.hex。

5. 动手做 3——Proteus 仿真

从 Proteus 中选取如下元器件：
（1）AT89C51，单片机；
（2）RES、RX8，电阻、排阻；
（3）CAP、CAP-ELEC，电容、电解电容；
（4）74LS240，八反相驱动器；
（5）LED，发光二极管。

放置元器件、电源和地，设置参数，连线，最后进行电气规则检查，将目标代码文件 ex3_1.hex 加载到 AT89C51 单片机中，电路仿真效果如图 2-2 所示。

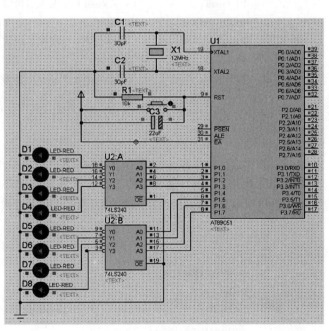

图 2-2　单片机控制 8 个霓虹灯闪烁的 Proteus 仿真电路

6. 举一反三

问：如果要将8个同时闪烁的霓虹灯改成轮流闪烁的流水灯从 VD_1 到 VD_8 逐个点亮，如何实现呢？

答：电路依然可以采用图2-1所示的电路，ex3_1.c 中的主程序稍做修改即可。点亮 VD_1 的P1口数据应该送 11111110B，即 0xfe；点亮 VD_2 的P1口数据应该送 11111101B，即 0xfd；依次类推，点亮 VD_8 的P1口数据应该送 01111111B，即 0x7f；然后又回到 VD_1 重复以上8步。

（1）方案1：可修改为顺序结构。

```
void     main()              //主函数
{
  while(1){
    P1 = 0xfe;               //点亮第1个发光二极管
    delay(200);             //延时
    P1 = 0xfd;               //点亮第2个发光二极管
    delay(200);             //延时
    P1 = 0xfb;               //点亮第3个发光二极管
    delay(200);             //延时
    P1 = 0xf7;               //点亮第4个发光二极管
    delay(200);             //延时
    P1 = 0xef;               //点亮第5个发光二极管
    delay(200);             //延时
    P1 = 0xdf;               //点亮第6个发光二极管
    delay(200);             //延时
    P1 = 0xbf;               //点亮第7个发光二极管
    delay(200);             //延时
    P1 = 0x7f;               //点亮第8个发光二极管
    delay(200);             //延时
            }
}
```

（2）方案2：从方案1中可以观察到，8个灯的点亮数据分别为 0xfe、0xfd、0xfb、0xf7、0xef、0xdf、0xbf、0x7f，这8个数据符合从右到左循环左移一位的规律，因此可以将此顺序结构的语句段简化为循环左移结构的程序段。程序修改如下：

```
void     main()              //主函数
{
    unsigned char i,w;
    while(1){
      w = 0x01;                  // 信号灯显示字初值为0x01
      for(i=0;i<8;i++){
        P1 = ~ w;                // 显示字取反后,送P1口
```

扫一扫看
while语句
教学课件

扫一扫看
while语句
微课视频

```
        delay(200);              // 延时
        w<<=1;                   // 显示字左移一位
            }
        }
    }
```

📖**小知识**

扫一扫看
for语句教
学课件

for 语句一般格式如下：

```
    for (循环变量赋初值;循环条件;修改循环变量)
    {
        语句组; //循环体
    }
```

扫一扫看
for语句微
课视频

方案 2 程序中下面语句 P1=～w; w<<=1; 的含义是什么？第一个语句中，"～"是按位取反运算符，它将变量 w 中的值按位取反。若执行该语句之前 w 的值为 0x01（二进制00000001B），那么执行该语句后，P1 的内容为 0xfe（二进制 11111110B）。

扫一扫看
运算符教
学课件

第二个语句是一个复合赋值表达式，等同于下面语句：

    w=w<<1;

"<<"是左移运算符，它将 w 的内容左移一位，再送回变量 w 中。若 w 原来的内容为0x01（二进制 00000001B），执行该语句后，变量 w 的内容为 0x02（二进制 00000010B）。

📖**小问答**

问：你可以将 VD_1 到 VD_8 轮流点亮的流水灯改成从 VD_8 到 VD_1 轮流点亮的流水灯吗？

答：在方案 2 中，将 w 的初值赋成 0x80，并将 w 左移一位改成 w 右移一位即可。编译加载，可以观察到两种方案的结果相同。

7. 任务小结

本任务采用单片机 P1 口控制 8 个 LED 霓虹灯的闪烁显示与流水灯的显示，应熟练掌握LED 灯与单片机的硬件接口以及 for 循环语句的应用。

扫一扫看
运算符微
课视频

任务 3-2 任意变化的广告灯电路设计

1. 任务要求

在任务 3-1 中用闪烁和流水灯两种方式点亮了霓虹灯。如果想要出现任意变化效果的霓虹广告灯，那么又应该怎么做呢？

2. 动手做 1——画出硬件电路图

和任务 3-1 相比，硬件电路图需要改变吗？

很显然硬件电路不需要改变，因此电路图见图2-1，元器件清单见表2-1。

3. 动手做2——编写任意变化的霓虹广告灯的程序

在任务3-1中，点亮8个流水灯的时候用到了for循环和左移指令，因为8个灯的点亮顺序具有从右至左依次点亮的规律。在本任务中，需要按照任意的变化来点亮8个灯，点灯的情况没有任何规律，很显然就不能单纯地使用左移或者右移指令来实现了。先来设计一种8个灯从中间往两边点亮的情况。

这样灯的数据应该分成4步：第一步点亮VD_4和VD_5，P1口数据应该送11100111B，即0xe7；第二步点亮VD_3和VD_6，P1口数据应该送11011011B，即0xdb；第三步点亮VD_2和VD_7，P1口数据应该送10111101B，即0xbd；第四步点亮VD_1和VD_8，P1口数据应该送01111110B，即0x7e。然后重复以上四步。

从上面的四步数据可以看出来，0xe7、0xdb、0xbd、0x7e不直接符合一般的逻辑与运算规律，这样可以直接用顺序程序来实现。

那是不是就只能用冗长的顺序程序来实现没有规律的循环了呢？要实现没有规律的循环程序，还有一个法宝，就是数组。先来看看什么是数组及其用法。

📖**小知识**

数组分为一维、二维、三维和多维数组等，常用的是一维、二维和字符数组。

（1）一维数组的定义格式如下：

类型说明符 数组名 [常量表达式]；

例如，"char a [5]；"定义字符数组a，有5个元素。

（2）数组元素的一般形式为：

数组名 [下标]

例如，tab[5]、num[i+j]、a[i++]都是合法的数组元素。

（3）数组初始化赋值的一般形式为：

类型说明符 数组名[常量表达式]＝{值，值，…，值}；

例如：int num[10]＝{0，1，2，3，4，5，6，7，8，9}；

用数组来实现任意变化的霓虹广告灯的程序如下：

```
//程序:ex3_2.c
//功能:采用数组实现的任意变化的霓虹广告灯控制程序
#include <reg51.h>//包含头文件reg51.h
void    delay(unsigned char i);            //延时函数声明
void    main()                             //主函数
{
    unsigned char i;
    unsigned char display[]={0xe7,0xdb,0xbd,0x7e};
    while(1){
     for(i=0;i<4;i++){
        P1=display[i];                     //显示字送P1口
        delay(200);                        //延时
```

```
            }
        }
    }
    void delay(unsigned char i)          //延时函数,参见项目 1 中程序 ex1_1. c
```

4. 动手做 3——Proteus 仿真

从 Proteus 中选取如下元器件:

(1) AT89C51, 单片机;

(2) RES、RX8, 电阻、排阻;

(3) CAP、CAP-ELEC, 电容、电解电容;

(4) 74LS240, 八反相驱动器;

(5) LED, 发光二极管。

放置元器件、电源和地, 设置参数, 连线, 最后进行电气规则检查, 将目标代码文件 ex3_2. hex 加载到 AT89C51 单片机中, 电路仿真效果如图 2-3 所示。

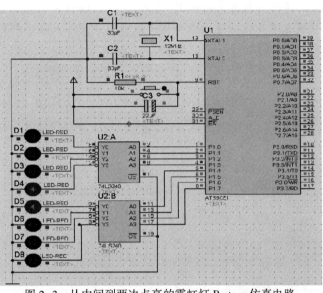

图 2-3　从中间到两边点亮的霓虹灯 Proteus 仿真电路

5. 举一反三

问: 如果将 8 个 LED 灯的点亮顺序改成从两边到中间, 怎么修改程序?

答: 电路依然可以采用图 2-1 所示的电路, 只要将 ex3_2. c 中的程序修改一个地方即可, 即将主函数中一维数组 unsigned char display[ ] = {0xe7, 0xdb, 0xbd, 0x7e} 修改为 unsigned char display[ ] = {0x7e, 0xbd, 0xdb, 0xe7} 即可。

编译加载, 观察结果。

问: 如果要将任务 3-1 中的从 VD$_1$ 到 VD$_8$ 点亮的流水灯用数组来实现, 需要如何编写程序?

答: 将主函数修改为如下内容即可。

```
void        main( )              //主函数
{
    unsigned char i;
    unsigned char display[ ] = {0xfe,0xfd,0xfb,0xf7,0xef,0xdf,0xbf,0x7f};
    while(1){
    for(i=0;i<8;i++){
    P1 = display[i];                // 显示字送 P1 口
    delay(200);                     //延时
        }
        }
}
```

编译加载，观察结果。

从以上的实例可以看出，要实现任意变化的霓虹广告灯都可以用上述的数组加循环结构来实现，只需要修改数组元素的定义和循环次数两个地方。

6. 任务小结

本任务采用单片机 P1 口控制 8 个 LED 灯，进一步训练单片机并行 I/O 口的应用能力，实现任意变化的霓虹广告灯的设计。应熟练掌握一维数组的应用和循环程序结构的编程与调试能力。

 扫一扫看扩展任务3 用按键切换任意变化的广告灯电路设计

 扫一扫看用按键切换任意变化的广告灯电路程序

 扫一扫看扩展任务4 模拟城市道口交通灯控制电路设计

 扫一扫看交通灯控制电路Proteus仿真录屏

 扫一扫看简单的交通灯控制电路程序

项目小结

本项目涉及 LED 发光二极管与单片机的接口电路设计，从最简单的 8 个灯一起闪烁，到流水灯，到任意变化的霓虹灯的设计。项目训练了单片机并行 I/O 口的应用能力，for 循环的熟练应用和一维数组的编程与调试能力。

本项目的知识如下：

（1）LED 发光二极管接口电路设计；（2）for 语句；（3）一维数组。

项目4　数码管广告牌电路设计

 扫一扫看本项目教学课件

训练任务	◇ 简易广告牌电路设计：在一个数码管上顺序显示 H、E、L、L、O； ◇ 用 6 个数码管动态显示生日
知识详解	◇ 数码管的结构及工作原理；　　◇ 数码管静态显示原理； ◇ 数码管动态显示原理；　　◇ 二维数组；　　◇ 定时/计数器
学习要点	◇ 掌握静态数码管的显示及编程方式（任务 4-1） ◇ 学习 6 位动态数码管显示（任务 4-2） ◇ 熟练掌握一维数组的使用（任务 4-1，任务 4-2） ◇ 熟练掌握二维数组的使用（任务 4-2）
扩展任务	多屏显示数码管广告牌电路设计
建议学时	9

任务 4-1　简易广告牌电路设计

 扫一扫看 LED 数码管结构教学课件

 扫一扫看 LED 数码管结构微课视频

1. 任务要求

在日常生活中，可以看到采用八段 LED 数码管构成的显示屏。本任务利用单片机控制一个 LED 数码管，实现静态显示，顺序显示字符 H、E、L、L、O，时间间隔为 1 s。

2. 跟我学 1——认识七段 LED 数码管

七段 LED 数码管如图 2-4 所示，连同小数点一起，可看成由 8 个发光二极管组合成的"字段"，用于显示数字 0～9 和部分简单字符。

数码管外部引脚如图 2-5 所示，可分为"共阳极"和"共阴极"两种结构。

共阳极数码管内部电路连线如图 2-6（a）所示，是将 8 个发光二极管的阳极连接在一起，作为公共控制端（com），该引脚需外接高电平；阴极作为"段"控制端。当某段控制端为低电平时，该端对应的发光二极管导通并点亮。通过点亮不同的段，可显示出各种数字或字符。例如，显示数字 1 时，b、c 两端接低电平，其他各端接高电平。

图 2-4　LED 数码管

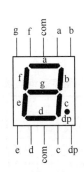

图 2-5　LED 数码管外部引脚图

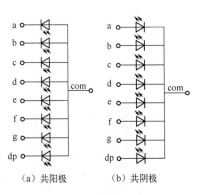

（a）共阳极　　　（b）共阴极

图 2-6　数码管结构图

共阴极数码管内部电路连线如图 2-6（b）所示，是将 8 个发光二极管的阴极连接在一起，作为公共控制端（com），该引脚需外接低电平（接地）；阳极作为"段"控制端。当某段控制段为高电平时，该端对应的二极管导通并点亮。

共阳极数码管公共控制端（com）接高电平，某段控制端为低电平时，该端对应的发光二极管导通并点亮；共阴极数码管公共控制端（com）接低电平，某段控制端为高电平时，该端对应的发光二极管导通并点亮。

> 📄**小问答**
>
> **问**：如何测试数码管的结构是共阳极还是共阴极？
>
> **答**：根据图 2-6，通过判断任意段与公共端连接的二极管的极性就可以判断出是共阳极数码管还是共阴极数码管。

扫一扫看单个数码管静态显示Proteus仿真录屏

3. 跟我学 2——LED 数码管字型编码

数码管如何显示？下面以共阳极数码管为例，来学习数码管的显示。若要共阳极数码管显示字符 H，对照图 2-5，共阳极数码管的公共端（com）接 +5V，相对应的 b、c、e、f、g 五个段点亮，为低电平；a、d、dp 三个段熄灭，为高电平，则相对应的字型码如表 2-2 所示，字型码为 10001001B（0x89）。

表2-2 共阳极数码管显示字符H的字型码

显示字符	共阳极数码管							
	dp	g	f	e	d	c	b	a
H	1	0	0	0	1	0	0	1

📖小问答

问：共阳极数码管和共阴极数码管显示字符E的字型码分别是什么？

答：如果使用的是共阳极数码管，com端接+5V，要显示字符E，则数码管的a、d、e、f、g五个段应点亮，其他段熄灭，10000110B（0x86）就是与字符E相对应的共阳极字型编码。若共阴极的数码管com端接地，要显示字符E，则数码管的a、d、e、f、g五个段应点亮，为高电平；其他段熄灭，为低电平，则01111001B（0x79）就是与字符E相对应的共阴极字型码。表2-3中分别列出了共阳极数码管、共阴极数码管的显示字型编码。

表2-3 数码管字型编码表

显示字符	共阳极数码管									共阴极数码管								
	dp	g	f	e	d	c	b	a	字型码	dp	g	f	e	d	c	b	a	字型码
0	1	1	0	0	0	0	0	0	0xc0	0	0	1	1	1	1	1	1	0x3f
1	1	1	1	1	1	0	0	1	0xf9	0	0	0	0	0	1	1	0	0x06
2	1	0	1	0	0	1	0	0	0xa4	0	1	0	1	1	0	1	1	0x5b
3	1	0	1	1	0	0	0	0	0xb0	0	1	0	0	1	1	1	1	0x4f
4	1	0	0	1	1	0	0	1	0x99	0	1	1	0	0	1	1	0	0x66
5	1	0	0	1	0	0	1	0	0x92	0	1	1	0	1	1	0	1	0x6d
6	1	0	0	0	0	0	1	0	0x82	0	1	1	1	1	1	0	1	0x7d
7	1	1	1	1	1	0	0	0	0xf8	0	0	0	0	0	1	1	1	0x07
8	1	0	0	0	0	0	0	0	0x80	0	1	1	1	1	1	1	1	0x7f
9	1	0	0	1	0	0	0	0	0x90	0	1	1	0	1	1	1	1	0x6f
A	1	0	0	0	1	0	0	0	0x88	0	1	1	1	0	1	1	1	0x77
B	1	0	0	0	0	0	1	1	0x83	0	1	1	1	1	1	0	0	0x7c
C	1	1	0	0	0	1	1	0	0xc6	0	0	1	1	1	0	0	1	0x39
D	1	0	1	0	0	0	0	1	0xa1	0	1	0	1	1	1	1	0	0x5e
E	1	0	0	0	0	1	1	0	0x86	0	1	1	1	1	0	0	1	0x79
F	1	0	0	0	1	1	1	0	0x8e	0	1	1	1	0	0	0	1	0x71
H	1	0	0	0	1	0	0	1	0x89	0	1	1	1	0	1	1	0	0x76
L	1	1	0	0	0	1	1	1	0xc7	0	0	1	1	1	0	0	0	0x38
P	1	0	0	0	1	1	0	0	0x8c	0	1	1	1	0	0	1	1	0x73
R	1	1	0	0	1	1	1	0	0xce	0	0	1	1	0	0	0	1	0x31
U	1	1	0	0	0	0	0	1	0xc1	0	0	1	1	1	1	1	0	0x3e
Y	1	0	0	1	0	0	0	1	0x91	0	1	1	0	1	1	1	0	0x6e
—	1	0	1	1	1	1	1	1	0xbf	0	1	0	0	0	0	0	0	0x40
.	0	1	1	1	1	1	1	1	0x7f	1	0	0	0	0	0	0	0	0x80
熄灭	1	1	1	1	1	1	1	1	0xff	0	0	0	0	0	0	0	0	0x00

📖**小结论**

从表2-5可以看出，显示字符H时，共阳极的字型码为0x89，而共阴极的字型码为0x76，它们的关系为：对于同一个字符，共阳数码管的字型码按位取反就是共阴数码管的字型码。

4. 动手做1——画出硬件电路图

单片机有4组8位的I/O口P0、P1、P2、P3，任意一个I/O口都可以用来控制一个数码管工作（P0口要外接上拉电阻），该任务采用P1口，用单片机控制一个数码管工作的电路如图2-7所示，所用器件如表2-4所示。图中采用的是共阳极数码管。如果是共阴极数码管，则将com端接地。

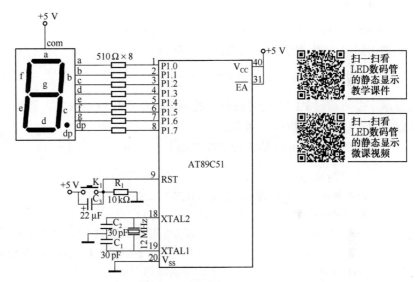

图2-7 单片机控制一个数码管电路

表2-4 数码管控制电路器件清单

元 件 名 称	参　　数	数量	元 件 名 称	参　　数	数量
IC插座	DIP40	1	电阻	510Ω	8
单片机	AT89C51	1	电阻	10kΩ	1
晶体振荡器	12MHz	1	电解电容	22μF	1
八段LED	共阳极	1	瓷片电容	30pF	2
按键		1			

📖**小提示**

如果只控制一个数码管，可选择采取一直点亮各段的静态显示方式。这种显示方式可在较小的电流驱动下获得较高的显示亮度，且占用CPU时间少，编程简单，便于显示和控制。

5. 动手做2——编写数码管依次显示字符 H、E、L、L、O 的程序

下面编写简易广告牌的控制程序，先考虑下面的问题：

在图 2-7 所示电路中，若想在单片机的 P1 口控制的数码管上显示字符 H，如何编程？电路中单片机 P1 口的 P1.0、P1.1、…、P1.7 依次与数码管的 a、b、…、f、dp 端相连接，共阳极数码管的公共端接+5V。对照表 2-3，如果要显示字符 H，则需向 P1 口传送二进制数据 10001001B（0x89），使用语句 P1=0x89 即可，考虑到每个字符要显示一段时间，因此在向 P1 口传送每个字符的显示字型码后要加一段延时函数。特别注意，硬件电路设计不同，相应字符的字型码也不一样。

在一个数码管上顺序显示多个字符，则需向 P1 口多次传送字符对应的二进制字型码数据，并在每次传送完一个数据后都要加一段延时函数，因此可以考虑把多个字符的字型码建一个一维数组：

unsigned char led[ ]={0x89, 0x86, 0xc7, 0xc7, 0xc0}；

通过定义 LED 数组的语句来存放字符 H、E、L、L、O 的显示字型码。再用如下语句：

    P1=led[i]；   （i 的取值范围为 0～5）

将显示字型码通过 P1 口送到 LED 段控制端，显示相应的数字。将数组元素的下标作为循环控制变量是最常见的数组应用方法。

一位数码管显示的简易广告牌程序如下：

```
//程序:ex4_1.c
//功能:在一个数码管上顺序显示 H、E、L、L、O
#include <reg51.h>
void delay1s();              //采用定时器 T1 实现 1s 延时子函数
void disp1();                //顺序显示字符 H、E、L、L、O 一次的子函数
void  main()                 //主函数
{while(1){   disp1();
        }
}
//函数名:disp1
//函数功能:顺序显示字符 H、E、L、L、O 一次
//形式参数:无
//返回值:无
disp1()
{ unsigned char led[ ]={0x89,0x86,0xc7,0xc7,0xc0};
     //定义数组 led 存放字符 H、E、L、L、O 的字型码
unsigned char i;
for(i=0;i<5;i++)
     {P1=led[i];              //字型显示码送段控制口 P1
     delay1s();               //延时 1s
     }
}
```

扫一扫看在一个数码管上顺序显示H、E、L、L、O程序

扫一扫看定时器计数器原理教学课件

扫一扫看定时器计数器原理微课视频

扫一扫看51单片机定时计数器逻辑结构教学课件

扫一扫看51单片机定时计数器逻辑结构微课视频

```
//函数名:delay1s
//函数功能:采用定时器 T1、工作方式 1 实现 1s 延时,晶振频率 12MHz
//形式参数:无
//返回值:无
void delay1s( )
{ unsigned char i;
TMOD = 0x10;                 //设置定时器 T1 工作于方式 1
   for(i=0;i<0x14;i++){      //设置 20 次循环次数
   TH1 = 0x3c;               //设置定时器初值为 0x3cb0
   TL1 = 0xb0;
   TR1 = 1;                  //启动 T1
   while( ! TF1);            //查询计数是否溢出,即定时 50ms 时间到,TF1 = 1
   TF1 = 0;                  //50ms 定时时间到,将 T1 溢出标志位 TF1 清 0
   }
}
```

编译链接过程参见项目 1 中的任务,将源程序 ex4_1. c 生成目标代码文件 ex4_1. hex。

本设计的延时与前面章节介绍的延时不同,前面章节采用软件延时来消耗时间,时间不精确,本设计采用定时/计数器实现定时。下面介绍定时/计数器的使用。

1) 定时/计数器的工作原理

51 单片机内部有两个 16 位的可编程定时/计数器,称为 T0 和 T1,可作为定时功能与计数功能,用做定时器时,对内部机器周期脉冲进行计数,由于机器周期是定值,故计数值确定时,定时时间也随之确定。如果单片机系统采用 12MHz 晶振,则计数周期为:$T = 1/(12 \times 10^6 \times 1/12) = 1\mu s$,这是最短的定时周期。适当选择定时器的初值可获取各种定时时间。

T0 或 T1 用做计数器时,对从芯片引脚 T0(P3.4)或 T1(P3.5)上输入的脉冲进行计数,外部脉冲的下降沿将触发计数,每输入一个脉冲,加法计数器加 1。计数器对外部输入信号的占空比没有特别的限制,但必须保证输入信号的高电平与低电平的持续时间都在一个机器周期以上。

2) 定时/计数器的工作过程

(1) 设置定时/计数器工作方式。

TMOD 为定时/计数器的工作方式寄存器,通过对工作方式寄存器 TMOD 的设置,确定相应的定时/计数器是定时功能还是计数功能,以及工作方式和启动方法。其格式如下:

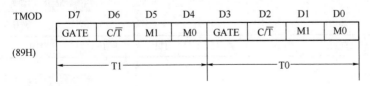

TMOD	D7	D6	D5	D4	D3	D2	D1	D0
	GATE	C/$\overline{\text{T}}$	M1	M0	GATE	C/$\overline{\text{T}}$	M1	M0
(89H)			T1				T0	

TMOD 的低 4 位为 T0 的方式字段,高 4 位为 T1 的方式字段,它们的含义完全相同。

① M1 和 M0:方式选择位。定义如表 2-5 所示。

表2-5　方式选择位定义

M1	M0	工作方式	功能说明
0	0	方式0	13位计数器
0	1	方式1	16位计数器
1	0	方式2	初值自动重载8位计数器
1	1	方式3	T0：分成两个8位计数器 T1：停止计数

扫一扫看定时计数器的初值计算方法教学课件

扫一扫看定时计数器的初值计算方法微课视频

一般采用方式1作为定时，方式2作为计数。方式1和方式2的区别在于：方式1最大值 M 为65 536，没有初值自动重载功能；方式2最大值 M 为256，有初值自动重载功能。

② C/$\overline{\text{T}}$：功能选择位。C/$\overline{\text{T}}=0$ 时，设置为定时器工作方式；C/$\overline{\text{T}}=1$ 时，设置为计数器工作方式。

③ GATE：门控位。当 GATE=0 时，软件启动方式，将 TCON 寄存器中的 TR0 或 TR1 置1即可启动相应定时器；当 GATE=1 时，硬软件共同启动方式，软件控制位 TR0 或 TR1 须置1，同时还须 $\overline{\text{INT0}}$（P3.2）或 $\overline{\text{INT1}}$（P3.3）为高电平方可启动相应定时器，即允许外中断 $\overline{\text{INT0}}$、$\overline{\text{INT1}}$ 启动定时器。

延时子函数 delay1s 中的语句"TMOD=0x10;"的目的就是采用定时器1定时，用方式1最大计数值为65 536。

（2）初始值设置。

51单片机的定时/计数器是加1计数器，要计数到最大值才溢出，所以初始值的计算如下：初始值 $X=$ 最大计数值 $M-$ 计数值 C，计算出的初始值存放在寄存器 TH0（TH1）和寄存器 TL0（TL1）中。在延时子函数 delay1s 中的语句"TH1=0x3c；TL1=0xb0;"的目的是采用12MHz晶振，定时50ms的初始值。具体计算如下：计数值 $C=50\text{ms}/1\mu\text{s}=500\,000$，初始值 $X=$ 最大计数值 $M-$ 计数值 $C=65\,536-50\,000=15\,536=0\text{x3cb0}$，高8位存放寄存器 TH1，低8位存放寄存器 TL1。

（3）定时器的启动、停止和溢出。

定时/计数器控制寄存器 TCON 的作用是控制定时器的启动、停止，标记定时器的溢出和中断情况。TCON 的格式如下：

扫一扫看定时计数器工作方式2教学课件

TCON（88H）

8FH	8EH	8DH	8CH	8BH	8AH	89H	88H
TF1	TR1	TF0	TR0	IE1	IT1	IE0	IT0

各位含义如表2-6所示。

扫一扫看定时计数器工作方式2微课视频

表 2-6 控制寄存器 TCON 各位含义

控制位		位名称	说 明
TF1	T1 溢出中断标志	TCON.7	当 T1 计数满产生溢出时，由硬件自动置 TF1 = 1。在中断允许时，该位向 CPU 发出 T1 的中断请求，进入中断服务程序后，该位由硬件自动清 0。在中断屏蔽时，TF1 可用做查询测试，此时只能由软件清 0
TR1	T1 运行控制位	TCON.6	由软件置 1 或清 0 来启动或关闭 T1。当 GATE = 1，且 $\overline{INT1}$ 为高电平时，TR1 置 1 启动 T1；当 GATE = 0 时，TR1 置 1 即可启动 T1
TF0	T0 溢出中断标志	TCON.5	与 TF1 相同
TR0	T0 运行控制位	TCON.4	与 TR1 相同
IE1	外部中断 1（$\overline{INT1}$）请求标志位	TCON.3	控制外部中断，与定时/计数器无关
IT1	外部中断 1 触发方式选择位	TCON.2	
IE0	外部中断 0（$\overline{INT1}$）请求标志位	TCON.1	
IT0	外部中断 0 触发方式选择位	TCON.0	

TCON 的字节地址为 88H，可以位寻址，清溢出标志位或启动定时器都可以用位操作语句，启动 T1 的语句为 "TR1 = 1;"，T1 溢出标志位清 0 的语句为 "TF1 = 0;"，查询溢出标志位 TF1 方式确认 50ms 定时时间到，查询语句如下：

扫一扫看定时计数器相关寄存器TCON教学课件

```
while( ! TF1);        //TF1 由 0 变 1,定时时间到
TF1 = 0;             //查询方式下,TF1 必须由软件清 0
```

同理，作为计数方式，也是采用这 3 个步骤实现定时/计数器的工作过程。

6. 动手做 3——Proteus 仿真

从 Proteus 中选取如下元器件：

（1）AT89C51，单片机；

（2）RES、RX8，电阻、排阻；

（3）CAP、CAP-ELEC，电容、电解电容；

（4）CRYSTAL，晶振；

（5）BUTTON，按键；

扫一扫看定时计数器相关寄存器TCON微课视频

（6）7SEG-COM-AN-BLUE，共阳极数码管。

放置元器件、电源和地，设置参数，连线，最后进行电气规则检查，将目标代码文件 ex4_1. hex 加载到 AT89C51 单片机中，电路仿真效果如图 2-8 所示。

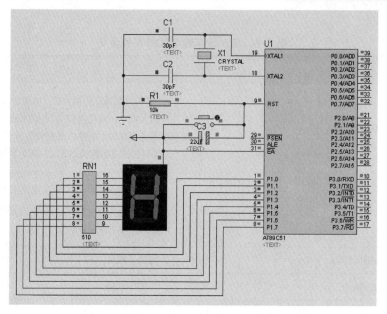

图 2-8　数码管显示字符 H 的 Proteus 仿真电路

7. 举一反三

问： 数码管依次显示字符 0～9 的简易秒表，如何实现呢？

答： 电路依然可以采用图 2-7 所示的电路，只要将 ex4_1. c 中的程序修改两个地方即可：

（1）将子函数 disp1( )中存放字符 H、E、L、L、O 的字型码的数组：

    unsigned char led[ ]={0x89,0x86,0xc7,0xc7,0xc0};

修改为存放字符 0～9 的字型码的数组：

    unsigned char led[ ]={0xc0,0xf9,0xa4,0xb0,0x99,0x92,0x82,0xf8,0x80,0x90};

（2）将子函数 disp1( )中的显示个数由 5 修改为 10，即

    for(i=0;i<5;i++)

修改为

    for(i=0;i<10;i++)

编译加载，观察结果。

同理，要在一个数码管上依次显示你的手机号、学号或者身份证号码等多个字符，修改方法与简易广告牌的方法一样，即修改数组元素和显示个数。要显示其他任意的字符，方法一样。

8. 任务小结

本任务采用单片机 P1 口控制共阳极数码管显示，实现多个字符显示的简易广告牌。应熟练掌握数码管静态显示接口技术以及一维数组的应用。

任务 4-2　用 6 个数码管动态显示生日

扫一扫看 LED 数码管动态显示硬件接口教学课件

扫一扫看 LED 数码管动态显示硬件接口微课视频

1. 任务要求

小王的生日是 1991 年 8 月 12 号，用单片机控制 6 个 LED 数码管固定显示 910812。

2. 动手做 1——画出硬件电路图

若采用静态显示方式控制 6 个数码管，则需要单片机提供 6 组 8 位并行 I/O 口，需要对单片机 I/O 口进行扩展，这将大大增加硬件电路的复杂性及硬件成本。鉴于此，采用图 2-9 所示的动态显示电路连接方式，所用器件如表 2-7 所示。图中将各位共阳极数码管相应的段选控制端并联在一起，仅用一个 P1 口控制，用八同相三态缓冲器/线驱动器 74LS245 驱动；将各位数码管的公共端，也称为"位选端"由 P2 口控制，用六反相驱动器 74LS04 驱动。

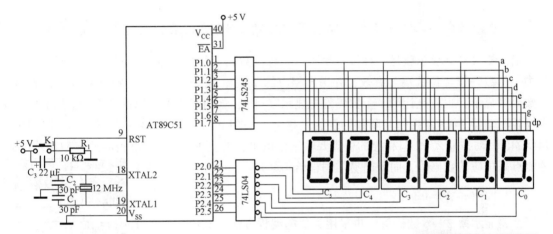

图 2-9　6 个数码管动态显示电路

扫一扫看多个数码管动态显示 Proteus 仿真录屏

表 2-7　数码管控制电路器件清单

元 件 名 称	参　　数	数量	元 件 名 称	参　　数	数量
IC 插座	DIP40	1	电阻	10kΩ	1
单片机	AT89C51	1	电解电容	22μF	1
晶体振荡器	12MHz	1	瓷片电容	30pF	2
八段 LED	共阳极	6	74LS245		1
按键		1	74LS04		1

📖**小问答**

问：什么是动态显示方式？

答：动态显示就是一种按位轮流点亮各位数码管的显示方式，即在某一时段，只让

其中一位数码管"位选端"有效，并送出相应的字型显示编码。此时，其他位的数码管因"位选端"无效而都处于熄灭状态；下一时段按顺序选通另外一位数码管，并送出相应的字型显示编码，以此规律循环下去，即可使各位数码管分别间断地显示出相应的字符，动态显示也称做扫描显示方式。

问：在动态显示方式下，由于每个数码管都是间断地显示某一字符，那么人们看到的字符是在不断地闪烁吗？

答：由于人的眼睛存在"视觉驻留效应"，只要能保证每位数码管显示间断的时间间隔小于眼睛的驻留时间，就可以给人一种连续显示的视觉效果。

问：数码管动态显示方式与静态显示方式相比有什么差别？

答：在显示位数较多时，动态显示方式可节省 I/O 接口资源，硬件电路比静态显示方式简单；但其显示的亮度低于静态显示方式，由于 CPU 要不断地依次运行扫描显示程序，将占用 CPU 更多的时间。若显示位数较少，采用静态显示方式更加简便。

3. 动手做 2——编写单片机控制 6 个 LED 数码管固定显示 910812 的程序

前面提过动态显示就是一种按位轮流点亮各位数码管的显示方式，即在某一时段，只让其中一位数码管"位选端"有效，并送出相应的字型显示编码。那么，先选中最左边的第 1 个数码管显示，也就是让第 1 个数码管先显示字符 9，如何编程呢？观察电路，采用 P2 口加六反相驱动器 74LS04 控制共阳数码管的位选端，采用 P1 口加八同相三态缓冲器/线驱动器 74LS245 驱动，那么 P2 口相应的引脚要输出低电平，并且 P1 口要送出相应的字型显示编码才能点亮相应的数码管，而最简易的编程语句就是：

扫一扫看LED数码管动态显示程序教学课件

P2 = 0xfe；P1 = 0x90；

同理，要显示第 2～6 数码管，也采用类似的编程方法。显示 6 个字符 P2、P1 口依次要输出的数据如表 2-8 所示。

扫一扫看LED数码管动态显示程序微课视频

表 2-8　显示 6 个字符 P2、P1 口依次输出的数据

显示字符	9	1	0	8	1	2
P2	11111110B	11111101B	11111011B	11110111B	11101111B	11011111B
P1	0x90	0xf9	0xc0	0x80	0xf9	0xa4

下面查找规律，简化程序。P2 口数据满足的规律是第 1 个数码管的位选码为 0x01 取反所得，第 2～6 个数码管的位选码是 0x01 依次左移一位，再取反所得。因此，可以设定一个变量 w，初值为 w = 0x01，取反后送给 P2 口，然后依次左移修改变量值 w，修改后的变量 w 再取反后送给 P2 口，循环 6 次即可完成一次 6 个数码管动态扫描。P1 口没有规律，可以把 6 个字符的字型码建一个一维数组。

6 个数码管动态显示 910812 的程序如下：

扫一扫看六位数码管动态显示910812程序

//程序:ex4_2. c

//功能:6 个数码管动态显示 910812

```
#include <reg51. h>
//函数名:delay1ms
//函数功能:采用定时器 T1、工作方式 1 实现 1 ms 延时,晶振频率 12 MHz
//形式参数:无
//返回值:无
void delay1ms( )
{    TMOD = 0x10;              //设置定时器 T1 工作于方式 1
    TH1 = 0xfc;               //置定时器初值 X = M-计数值 = 65536-1000 = 0xfc18
    TL1 = 0x18;
    TR1 = 1;                  //启动定时器 T1
    while( ! TF1) ;           //查询计数是否溢出,即定时到,TF1 = 1
    TF1 = 0;                  //1 ms 定时时间到,将定时器溢出标志位 TF1 清 0
}
//函数名:disp2
//函数功能:实现 6 个数码管动态扫描一次,显示数字 910812
//形式参数:无
//返回值:无
void disp2( )
{ unsigned char led[ ] = {0x90,0xf9,0xc0,0x80,0xf9,0xa4} ;
                            //设置数字 910812 的字型码
    unsigned chari,w;
    w = 0x01;                //位选码初值为 0x01
      for( i = 0;i<6;i++)
          {
            P2 = ~ w;        //位选码取反后送位控制口 P2 口
            w<<= 1;          //位选码左移一位,选中下一位 LED
            P1 = led[ i ];   //显示字型码送 P1 口
            delay1ms( );     //延时 1 ms
          }
}
main( )                     //主函数
{
while(1)
      {
      disp2( );
      }
  }
```

编译链接过程参见项目 1 中的任务,将源程序 ex4_2. c 生成目标代码文件 ex4_2. hex。

📖 小问答

问：在 LED 动态显示程序中，如果把延时 1 ms 函数修改为延时 1 s，LED 显示会有什么变化？为什么？

答：6 个数码管上轮流显示 9、1、0、8、1、2，间隔时间为 1 s，不能稳定显示。

由于人的眼睛存在"视觉驻留效应"，必须保证每位数码管显示间断的时间间隔小于眼睛的驻留时间，才可以给人一种稳定显示的视觉效果。如果延时时间太长，每位数码管闪动频率太慢，不能产生稳定显示效果。

问：程序 ex4_2.c 中，如果没有对子函数 disp2 无数次循环，而只是循环一次，能否固定显示生日 910812？

答：不能。我们只能看到依次从第 1 个数码管开始闪烁显示，停在最后一个数码管显示数字 2，因为动态显示就是一种按位轮流点亮各位数码管的显示方式，要不断地扫描，才能固定地显示生日 910812。如果要固定显示生日 910812 一段时间后熄灭，则不能在子函数 disp2 后面加一段很长的延时，动态的扫描不能采用静态的延时，而必须多次调用子函数 disp2 达到固定显示效果。

4. 动手做 3——Proteus 仿真

从 Proteus 中选取如下元器件：
(1) AT89C51，单片机；
(2) RES，电阻；
(3) CAP、CAP-ELEC，电容、电解电容；
(4) CRYSTAL，晶振；
(5) BUTTON，按键；
(6) 7SEG-MPX6-CA-BLUE，6 位共阳极数码管；
(7) 74LS04、74LS245，六同相驱动器、八同相三态缓冲器/线驱动器。

放置元器件、电源和地，设置参数，连线，最后进行电气规则检查，再将目标代码文件 ex4_2.hex 加载到 AT89C51 单片机中，电路仿真效果如图 2-10 所示。

5. 举一反三

问：如果小明的生日是 1992 年 11 月 6 号，怎么修改程序？

答：电路依然可以采用图 2-9 所示的电路，只要将 ex4_2.c 中子函数 disp2( ) 存放字符 910812 的字型码的数组：

    unsigned char led[ ]＝{0x90,0xf9,0xc0,0x80,0xf9,0xa4}；

修改为存放字符 921106 的字型码的数组：

    unsigned char led[ ]＝{0x90,0xa4,0xf9, 0xf9, 0xc0, 0x82}；

编译加载，观察结果。

问：如果找不出 P2 口的规律，将如何编写程序？

答：有两种方法。

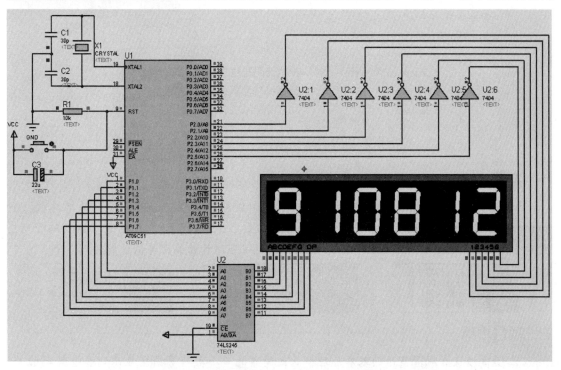

图 2-10　数码管显示生日的 Proteus 仿真电路

方法 1：把 P2 口依次输出的数据建一个一维数组 com[ ]，即把 ex4_2. c 中的子函数 "void disp2( )；" 修改为：

```
void disp2( )
{ unsigned char led[ ] = {0x90,0xf9,0xc0,0x80,0xf9,0xa4};
                           //设置数字 910812 的字型码
  unsigned char com[ ] = {0xfe,0xfd,0xfb,0xf7,0xef,0xdf};
                           //设置数字 910812 的位选码
  unsigned char i;
  for(i=0;i<6;i++)
    {
        P2=com[i];          //位选码送位控制口 P2 口
        P1=led[i];          //显示字型码送 P1 口
        delay1ms( );        //延时 1 ms
    }
}
```

方法 2：把 P1 口、P2 口依次输出的数据建一个二维数组，即把 ex4_2. c 中的子函数 "void disp2( )；" 修改为：

```
void disp2( )
{ unsigned char ledcom [2][6] = {{0xfe,0xfd,0xfb,0xf7,0xef,0xdf},
                      {0x90,0xf9,0xc0,0x80,0xf9,0xa4}};
                      //设置数字 910812 的位选码及字型码
```

```
    unsigned char i;
        for(i=0;i<6;i++)
            {
                P2=ledcom[0][i];            //位选码送位控制口 P2 口
                P1=ledcom[1][i];            //显示字型码送 P1 口
                delay1ms();                 //延时 1 ms
            }
    }
```

6. 任务小结

本任务采用单片机 P1 口、P2 口控制 6 个共阳极数码管显示，进一步训练单片机并行 I/O 口的应用能力，实现多个字符固定显示的数码管广告牌的设计。应熟练掌握数码管动态显示接口技术，应具备一维数组、二维数组及循环程序结构的编程与调试能力。

 扫一扫看扩展任务5 多屏显示数码管广告牌电路设计

 扫一扫看六位数码管动态交替固定显示910812 和102315两屏内容程序

 扫一扫看基于数码管的移动广告牌电路Proteus仿真录屏

项目小结

本项目涉及数码管显示的基本原理，从最简单的单个数码管固定显示到多个数码管的动态显示以及移位显示。项目进一步训练单片机并行 I/O 口的应用能力，一维数组、二维数组的实际应用和循环程序结构的编程与调试能力。

本项目的知识点如下：

(1) LED 数码管静态显示技术；

(2) LED 数码管动态显示技术；

(3) 一维数组；

(4) 二维数组。

项目5 LED 点阵式移动广告牌电路设计

 扫一扫看本项目教学课件

 扫一扫看电子广告牌Proteus仿真录屏

 扫一扫看LED点阵移动广告牌设计微课视频

训练任务	◇ 简单 LED 点阵显示设计：在 LED 点阵上显示心形图案； ◇ 用 LED 点阵模拟显示电梯的楼层
知识详解	◇ LED 点阵的结构及工作原理； ◇ 点阵 LED 与单片机接口电路设计； ◇ 点阵的汉字图形取模方法； ◇ 二维数组； ◇ 点阵扩展芯片的使用
学习要点	掌握 LED 点阵的显示及编程方式（任务 5-1）； 学习多位 LED 点阵动态显示的方法（任务 5-2）； 熟练掌握二维数组的使用（任务 5-1，任务 5-2）； 学习多块 LED 点阵扩展的方法（扩展任务 6，扩展任务 7）
扩展任务	◇ 手机号码滚动显示电路设计； ◇ 16×16 LED 点阵字符显示电路设计
建议学时	9

任务 5-1 简单图案 LED 点阵显示电路设计

1. 任务要求

利用单片机制作一个简单的 LED 点阵电子广告牌，将一些特定的文字或图形以特定的方式显示出来。本任务中将显示心形图案。

2. 怎么做？

LED 点阵显示器是把很多 LED 发光二极管按矩阵方式排列在一起，通过对每个 LED 进行发光控制，点亮不同位置的发光二极管，完成各种字符或图形的显示。最常见的 LED 点阵显示模块有 5×7（5 列 7 行），7×9（7 列 9 行），8×8（8 列 8 行）结构。在电子市场，有专门的 LED 点阵模块产品，图 2-11 所示为 8×8 点阵模块，它有 64 个像素，可以显示一些较为简单的字符或图形。用 4 个模块组合成一个正方形，可以显示一个 16×16 点阵的汉字。要显示更为复杂的图形或更多的汉字，则要用到更多的模块。

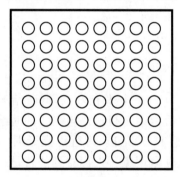
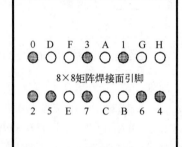

扫一扫看LED点阵移动广告牌设计结构及原理教学课件

扫一扫看LED点阵移动广告牌设计结构及原理微课视频

（a）正面　　　　　　　　　（b）背面

图 2-11　8×8 点阵 LED 的外观图

图 2-12 所示是 LED 模块内部结构等效电路。从图中可以看出，它有 8 行（Y0～Y7）8 列（X0～X7），对外共有 16 个引脚，其中 8 根行线用数字 0～7 表示，8 根列线用字母 A～H 表示。图 2-11（b）所示为其实际引脚图。

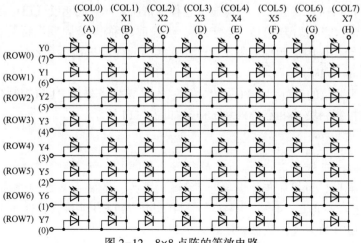

图 2-12　8×8 点阵的等效电路

点亮跨接在模块某行某列的二极管的条件是：对应的行为高电平，对应的列为低电平。例如，Y7＝1，X7＝0时，对应于右下角的LED发光。在很短的时间内依次点亮多个发光二极管，则人们可以看到多个二极管发光，即可以看到显示的数字、字母或其他图形符号，这就是LED点阵动态显示原理。

下面来看看如何用LED大屏幕稳定显示一个字符。

假设需要显示字符"大"，则8×8点阵需要点亮的位置如图2-13所示。

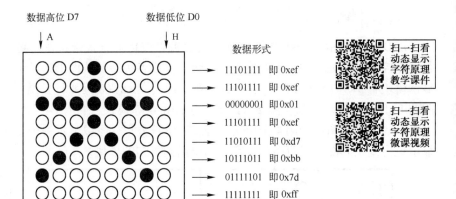

图2-13 "大"字显示字型码示意图

显示字符"大"的过程如下：先给第1行送高电平（行高电平有效），同时给8列送11101111（列低电平有效，从数据高位往低位读数）；然后给第2行送高电平，同时给8列送11101111……最后给第8行送高电平，同时给8列送11111111。每行点亮延时时间为1ms，第8行结束后再从第1行开始循环显示。利用视觉驻留现象，人们看到的就是一个稳定的图形。

3. 动手做1——画出硬件电路图

用单片机控制一个8×8显示模块需要使用两个并行端口：一个端口控制行线，一个端口控制列线。

显示过程以行扫描方式进行，扫描显示过程是每次显示一行8个LED，显示时间称为行周期，8行扫描显示完成后开始新一轮扫描，这段时间称为场周期。行与行之间延时1～2ms。延时时间受50Hz闪烁频率的限制，不能太大，应保证扫描所有8行（即一帧数据）所用时间之和在20ms以内。

单片机有4组8位的I/O口：P0、P1、P2、P3。该任务采用P1口控制行线，P0口控制列线。用单片机控制一块8×8点阵模块的电路如图2-14所示。

> 📄**小经验**
>
> 实际应用时，在每条X列线上或Y行线上需串接一个300Ω左右的限流电阻，如图2-14所示。同时，为提高单片机端口带负载的能力，通常在端口和外接负载之间增加一个缓冲驱动器。在图2-14中，P1口通过74LS245与LED连接，提高了P1口输出的电流，既保证了LED的亮度，又保护了端口引脚。

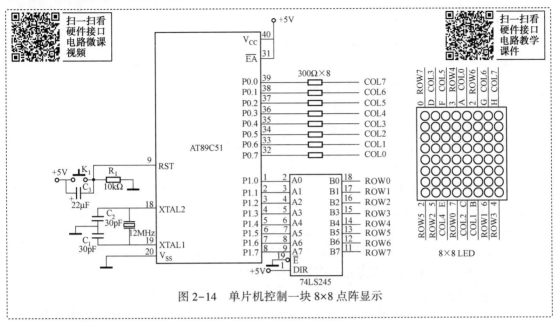

图 2-14 单片机控制一块 8×8 点阵显示

本任务所用器件如表 2-9 所示。

表 2-9 简单的点阵显示器件清单

元 件 名 称	参数	数 量	元 件 名 称	参数	数 量
IC 插座	DIP40	1	电阻	300Ω	8
IC 插座	DIP20	1	电阻	10kΩ	1
单片机	AT89C51	1	电解电容	22μF	1
晶体振荡器	12MHz	1	驱动器	74LS245	1
瓷片电容	30pF	2	8×8LED		1
按键		1			

4. 动手做 2——编写用一块 8×8 点阵显示心形图案的程序

点阵式显示有多种形式，如固定显示、闪烁显示、滚动显示、交替显示等，先从最简单的固定显示一个字符做起，在下面的例子中，完成心形图案的显示。

根据前面给出的点阵点亮原理，先来计算显示心形图案的 8 个列数据。心形图案的字型码示意图如图 2-15 所示。

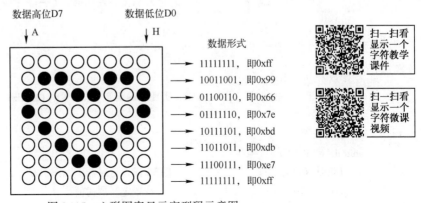

图 2-15 心形图案显示字型码示意图

📄 **小问答**

问：如何在8×8点阵上取得任意一个字符的字型码呢？

答：（1）在8×8点阵上画出要点亮某个字符需要点亮的LED点的位置。

（2）逐行写出每行的列数据，写的时候从左往右写，亮则写0，不亮则写1，例如，图2-19中，心形的第2行的8个灯从左至右为不亮、亮、亮、不亮、不亮、亮、亮、不亮，所以列数据就为10011001，再将该二进制数转化为十六进制即0x99。

（3）依次得到的8行列数据即为该字符的字型码。

程序设计思路：由上到下或由下至上首先选中8×8点阵的某一行，然后通过查表指令得到这一行要点亮状态所对应的字型码，将其送到列控制端口，延时约1ms后，选中下一行、再传送该行对应的显示状态字型码，延时后再重复上述过程，直至8行均显示一遍，时间约为8ms，然后再从第一行开始循环显示。利用视觉驻留现象，人们看到的是一个稳定的图形。

单片机控制一块8×8点阵显示心形图案的程序如下：

```
//程序:ex5_1.c
//功能:在一个8×8点阵上显示一个心形图案
#include<reg51.h>
void delay1ms();                        //延时1ms函数声明
void main()
{
unsigned char code led[]={0xff,0x99,0x66,0x7e,0xbd,0xdb,0xe7,0xff};
                                        //心形字形码
    unsigned char w,i;                  //定义行变量w,行数变量i
    while(1)
    {
            w=0x01;                     //行变量指向第一行
            for(i=0;i<8;i++)
                {
                P1=w;                   //行数据送P1口
                P0=led[i];              //列数据送P0口
                delay1ms();
                w<<=1;                  //行变量左移指向下一行
                }
        }
}
//函数名:delay1ms
//函数功能:采用定时器1、工作方式1实现1ms延时,晶振频率12MHz
//形式参数:无
//返回值:无
void delay1ms()
{   TMOD=0x10;                          //设置定时器1工作于方式1
    TH1=0xfc;                           //置定时器初值
```

```
    TL1 = 0x18;
    TR1 = 1;                            //启动定时器1
    while( ! TF1);                      //查询计数是否溢出,即定时到,TF1 = 1
    TF1 = 0;                            //1 ms 定时时间到,将定时器溢出标志位 TF1 清零
}
```

编译链接过程参见项目1中的任务,将源程序 ex5_1. c 生成目标代码文件 ex5_1. hex。

5. 动手做3——Proteus 仿真

从 Proteus 中选取如下元器件:

(1) AT89C51,单片机;

(2) RES、RX8,电阻、排阻;

(3) CAP、CAP-ELEC,电容、电解电容;

(4) MATRIX-8×8-RED,红色 8×8 点阵模块;

(5) 74LS245,八同相三态缓冲器/线驱动器。

放置元器件、电源和地,设置参数,连线,最后进行电气规则检查,将目标代码文件 ex5_
1. hex 加载到 AT89C51 单片机中,电路仿真效果如图 2-16 所示。

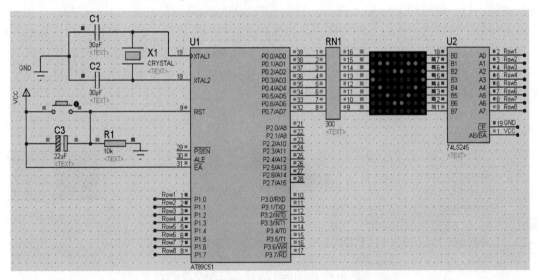

图 2-16　8×8 点阵显示心形图案的 Proteus 仿真电路

6. 举一反三

问: 想要在 8×8 点阵上显示其他的汉字、数字或者图形、符号,如何实现呢?

答: 依然可以采用图 2-14 所示的电路,只要将程序 ex5_1. c 中的一维数组 led[ ] 中定义的
8个值 {0xff, 0x99, 0x66, 0x7e, 0xbd, 0xdb, 0xe7, 0xff} 修改为相应字符的 8 行列数据即
可。例如,要显示数字 1,即定义为:

```
unsigned char code led[ ] = {0xff,0xe7,0xc7,0xe7,0xe7,0xe7,0xe7,0xe7};
```

编译加载,观察结果。

7. 任务小结

本任务采用单片机的两组并口控制 8×8 点阵模块，实现简易的点阵广告牌显示。应熟练掌握 LED 点阵的显示原理，LED 点阵与单片机接口电路设计，以及点阵的汉字图形取模方法。

任务 5-2　用 LED 点阵模拟显示电梯的楼层

1. 任务要求

用一块 8×8 LED 点阵模拟显示电梯的楼层数字 1～9。

2. 动手做 1——画出硬件电路图

因为采用一块 8×8 LED 点阵来显示数字，本任务的硬件电路图和任务 5-1 中的一样，仍采用图 2-14，元器件清单见表 2-9。

3. 动手做 2——编写单片机控制 LED 点阵模拟显示电梯楼层的程序

通过任务 5-1 可以看到，8×8 LED 点阵的点亮需要采用动态显示的方法：首先点亮 8×8 LED 的第一行，延时约 1 ms 后点亮下一行，延时后再点亮第三行，重复上述过程，直至 8 行均显示一遍，时间约为 8 ms，即完成一遍扫描显示；然后再从第 1 行开始循环扫描显示，利用视觉驻留现象看到一个稳定的图形。前一个任务中只需要点亮一个字符，因此直接将一个字符的点亮程序设计在 while（1）的死循环中即可；而本任务中需要显示多个字符，在一个字符显示的基础上再另外嵌套一个循环即可。

8×8 LED 模拟显示电梯楼层 1～9 的程序如下：

```
//程序:ex5_2.c
//功能:一块 8×8 LED 显示 1～9
#include <reg51.h>
void delay1ms();                              //延时 1 ms 函数声明
void main()
{
unsigned char code led[] = {0xff,0xe7,0xc7,0xe7,0xe7,0xe7,0xe7,0xe7,    //1
                0xff,0x87,0xf3,0xf3,0xc7,0x9f,0x9f,0x83,    //2
                0xff,0x87,0xf3,0xf3,0xc7,0xf3,0xf3,0x87,    //3
                0xff,0xf3,0xe3,0xd3,0xb3,0x83,0xf3,0xf3,    //4
                0xff,0x87,0xbf,0x87,0xf3,0xf3,0xf3,0x87,    //5
                0xff,0xc7,0x9f,0x87,0x93,0x93,0x93,0xc7,    //6
                0xff,0x03,0xf3,0xe7,0xe7,0xcf,0xcf,0xcf,    //7
                0xff,0xc7,0x93,0x93,0xc7,0x93,0x93,0xc7,    //8
                0xff,0xc7,0x93,0x93,0x93,0xc3,0xf3,0xc7};    //9

unsigned char w;
unsigned int i,j,k,m;
while(1)
{
   for(k=0;k<9;k++)                 //字符个数控制变量
```

```
        {
        for( m=0;m<400;m++)                    //每个字符扫描显示 400 次,控制每个字符显示时间
            {
            w=0x01;
                j=k*8;                         //指向数组 led 的第 k 个字符第一个显示码下标
                for(i=0;i<8;i++)
                    {P1=w;                     //行数据送 P1 口
                    P0=led[j];                 //列数据送 P0 口
                    delay1ms();
                    w≪=1;                      //行变量左移指向下一行
                    j++;}                      //指向数组中下一个显示码
                }
            }
        }
    }
//函数名:delay1ms
//函数功能:采用定时器 1、工作方式 1 实现 1 ms 延时,晶振频率 12 MHz
//形式参数:无
//返回值:无
void delay1ms()
    {   TMOD=0x10;                             //设置定时器 1 工作于方式 1
        TH1=0xfc;                              //置定时器初值
        TL1=0x18;
        TR1=1;                                 //启动定时器 1
        while( ! TF1)                          //查询计数是否溢出,即定时到,TF1=1
        TF1=0;                                 //1 ms 定时时间到,将定时器溢出标志位 TF1 清零
    }
```

编译链接过程参见项目 1 中的任务,将源程序 ex5_2. c 生成目标代码文件 ex5_2. hex。

📖小问答

问: 如果想用二维数组来实现,要怎么修改?

答: 程序可以修改为:

```
//功能:一块 8×8 LED 显示 1～9(二维数组)
#include <reg51. h>
void delay1ms();                              //延时 1 ms 函数声明
void main()                                   //主函数
{
unsigned char code led[9][8]={{0xff,0xe7,0xc7,0xe7,0xe7,0xe7,0xe7,0xe7},         //1
                {0xff,0x87,0xf3,0xf3,0xc7,0x9f,0x9f,0x83},         //2
                {0xff,0x87,0xf3,0xf3,0xc7,0xf3,0xf3,0x87},         //3
                {0xff,0xf3,0xe3,0xd3,0xb3,0x83,0xf3,0xf3},         //4
                {0xff,0x87,0xbf,0x87,0xf3,0xf3,0xf3,0x87},         //5
                {0xff,0xc7,0x9f,0x87,0x93,0x93,0x93,0xc7},         //6
                {0xff,0x03,0xf3,0xe7,0xe7,0xcf,0xcf,0xcf},         //7
                {0xff,0xc7,0x93,0x93,0xc7,0x93,0x93,0xc7},         //8
                {0xff,0xc7,0x93,0x93,0x93,0xc3,0xf3,0xc7}};        //9
    unsigned char w;
```

```
                unsigned int j,k,m;
                while(1)
                {
                    for(k=0;k<9;k++)                //第一维下标取值范围为 0～8
                        {
                        for(m=0;m<400;m++)
                            {w=0x01;
                            for(j=0;j<8;j++)         //第二维下标取值范围为 0～7
                                {P1=w;
                                P0=led[k][j];        //将指定数组元素赋值给 P0 口
                                delay1ms();
                                w<<=1;}
                            }
                        }
                    }
                }
                //函数名:delay1ms
                //函数功能:采用定时器 1、工作方式 1 实现 1 ms 延时,晶振频率 12 MHz
                //形式参数:无
                //返回值:无
                void delay1ms()
                {   TM0D=0x10;                       //设置定时器 1 工作于方式 1
                    TH1=0xfc;                        //置定时器初值
                    TL1=0x18;
                    TR1=1;                           //启动定时器 1
                    while(!TF1);                     //查询计数是否溢出,即定时到,TF1=1
                    TF1=0;                           //1 ms 定时时间到,将定时器溢出标志位 TF1 清零
                }
```

4. 动手做 3——Proteus 仿真

从 Proteus 中选取如下元器件：

（1）AT89C51，单片机；

（2）RES、RX8，电阻、排阻；

（3）CAP、CAP-ELEC，电容、电解电容；

（4）MATRIX-8×8-RED，红色 8×8 点阵模块；

（5）74LS245，八同相三态缓冲器/线驱动器。

放置元器件、电源和地，设置参数，连线，最后进行电气规则检查，将目标代码文件 ex5_2. hex 加载到 AT89C51 单片机中，电路仿真效果如图 2-17 所示。

5. 举一反三

问：以上设计的是向上的电梯计数，如果想设计成向下的电梯计数，要怎么修改？

答：将数组 led[ ]中的数组元素按照从 9～1 的顺序来排列即可。

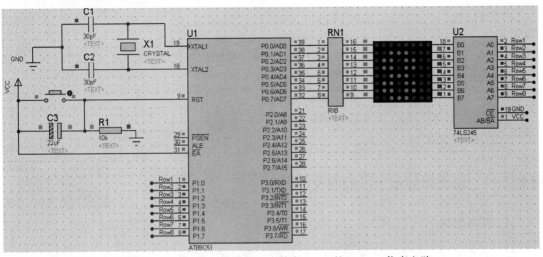

图 2-17　8×8 点阵显示循环显示数字 1～9 的 Proteus 仿真电路

6. 任务小结

本任务采用单片机控制 1 个 8×8 LED 点阵实现多字符的循环显示，进一步训练单片机并行 I/O 口的应用能力，应熟练掌握一维数组、二维数组及循环程序结构的编程与调试能力。

扫一扫看扩展任务 6 手机号码滚动显示电路设计

扫一扫看一块 8×8 LED 滚动显示 13912345678 程序

扫一扫看扩展任务 7 16×16 LED 点阵字符显示电路设计

┌─ **项目小结** ─────────────────────────────────

　　本项目涉及 8×8 LED 点阵的基本原理，包括从最简单的点亮一个字符逐步深入到轮流点亮多个字符，到最后多个字符滚动显示。项目进一步训练单片机并行 I/O 口的应用能力，一维数组、二维数组的实际应用和循环程序结构的编程与调试能力。

　　本项目的知识点如下：

　　(1) LED 点阵的结构及工作原理；(2) 点阵 LED 与单片机接口电路设计；(3) 点阵的汉字图形取模方法；(4) 二维数组；(5) 点阵扩展芯片的使用。
└──

项目 6　液晶显示器接口电路设计

扫一扫看本项目教学课件

扫一扫看液晶显示电路 Proteus 仿真录屏

训练任务	◇ 用液晶显示字符向朋友问好； ◇ 信息发布屏设计：用液晶图形显示人名
知识详解	◇ 字符液晶控制器的结构及接口设计； ◇ 图形点阵液晶控制器的结构及接口设计； ◇ 液晶屏文本显示与图形显示的一般控制方法； ◇ 二维字符数组； ◇ 字符指针

续表

学习要点	掌握字符液晶的字符显示编程方法（任务 6-1）； 掌握图形液晶的汉字字符显示编程方法（任务 6-2）； 熟练掌握二维数组的使用（任务 6-2）
扩展任务	◇ 用液晶字符显示汉字； ◇ 用液晶图形显示图片
建议学时	9

任务 6-1 　用液晶显示字符向朋友问好

扫一扫看用液晶显示字符向朋友问好教学课件

扫一扫看用液晶显示字符向朋友问好微课视频

1. 任务要求

在日常生活中，可以看到采用八段 LED 数码管构成的广告牌显示屏，但数码管能够显示的字型有限，只能显示可设段码的部分字型，不能灵活显示更多的字符和文字，对于显示多个字符的应用场合，就需要采用液晶显示器。本任务设计移动广告牌显示问候语。

2. 跟我学 1——认识液晶显示模块 LCD1602

LCD1602 是一款基于 HD44780 控制芯片的字符点阵液晶显示模块，其外观如图 2-18 所示。

图 2-18　LCD1602 字符点阵液晶显示模块

📄**小提示**

字符型液晶显示模块比较通用，接口格式也比较统一，各制造商所采用的模块控制器一般都是 HD44780 及其兼容品，不管显示屏的尺寸如何，操作指令及其形成的模块接口信号定义都是兼容的，与 MCU 的接口设计方法都是相同的。所以，学会使用一种字符型液晶显示模块，就会通晓所有的字符型液晶显示模块。

液晶显示模块的一般应用技巧，就是通过学习典型 LCD 模块驱动控制器的内部存储结构、控制指令及其时序操作和硬件接口连接，举一反三地学习各类液晶显示模块的应用方法。

HD44780 控制器是 LCD1602 显示模块的核心组件，集驱动器和控制器为一体，专门用于字符点阵液晶显示模块的驱动和控制。

HD44780 内置与 LCD 显示点一一对应的显存 DDRAM、ASCII 码等的字符库 CGROM 和用户自定义的字符发生器 CGRAM，具有简单而功能较强的指令集，共 9 条控制/传输指令，可实现字符移动、闪烁等显示功能。

HD44780 与外部 MCU 的连接常采用 4/8 位的并行接口，具体有直接连接和间接连接两种接口方式。直接连接是将 LCD 作为 I/O 接口设备连接到 MCU 的总线上，数据端与数据总线连接，控制信号端与 MCU 的 $\overline{\text{RD}}$ 和 $\overline{\text{WR}}$ 信号线及地址线连接，通过 MCU 的总线逻辑接口实现对 LCD 模块的读写时序控制，这种方式由于灵活性欠佳，目前较少使用。间接连接将控制信号线与 MCU 的 I/O 口连接，编制软件产生 LCD 读写访问时序，这样 MCU 通过对并行接口的操作间接实现了对 LCD 显示模块的控制。本任务选用间接连接方式实现字符型 LCD 与 MCU 的接口设计。

字符点阵液晶显示模块有 16 个引脚，引脚名称如图 2-19 所示。各引脚功能如表 2-10 所示。

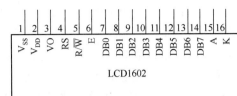

图 2-19　LCD1602 液晶显示器引脚

表 2-10　LCD1602 液晶显示器引脚功能

引脚号	引脚名称	含　义
1	V_{SS}	地引脚（GND）
2	V_{DD}	+5 V 电源引脚（V_{CC}）
3	VO	液晶显示驱动电源（0～5 V），可接电位器
4	RS	数据和指令选择控制端，RS＝0：命令/状态；RS＝1：数据
5	R/$\overline{W}$	读写控制线，R/$\overline{W}$＝0：写操作；R/$\overline{W}$＝1：读操作
6	E	数据读写操作控制位，E 线向 LCD 模块发送一个脉冲，LCD 模块与单片机之间将进行一次数据交换
7～14	DB0～DB7	数据线，可以用 8 位连接，也可以只用高 4 位连接，节约单片机资源
15	A	背光控制正电源
16	K	背光控制地

📖小问答

问：液晶显示器有几种分类方法？

答：液晶显示器有不同的分类方法，如按照显示形式可分为笔段型、字符型和点阵图形型三类。

（1）笔段型液晶显示模块：由长条状显示像素组成一位显示，主要用于数字、西文字母或某些字符显示，显示效果与数码管类似。

（2）字符型液晶显示模块（字符液晶）：专门用来显示字母、数字、图形符号等的点阵型液晶显示模块，在本任务中使用的就是这种液晶模块，其点阵排列由若干 5×7 或 5×8 或 5×11 的像素组成，每组为一个字符，不同组间有一列和一行的点阵间隔，这种不连贯性决定其不适用于显示图形。一般有 1 行、2 行和 4 行三种，每行可显示 8 个、16 个、20 个等不同个数的字符。

（3）点阵图形型液晶显示模块（图形液晶）：显示平板上排列的多行和多列点阵像素规则分布，行和列的点阵排中没有空格，可以连续显示完整的图形，同样也适用于显示多个字符。此类液晶模块的像素数量一般较大，常有 120×32、128×64、320×320、640×480 等，可广泛用于游戏机、笔记本电脑等图形或汉字显示设备中。

3. 跟我学2——字符型 LCD 模块内部存储结构的划分

LCD 控制器 HD44780 内部有 80 字节的显示数据存储器（显存），用于存储当前要求显示的字符 ASCII 码，各个存储单元与显示屏上的字符位相对应，其映射关系如图 2-20 所示。需要注意的是，第 1 行 DDRAM 地址与第 2 行 DDRAM 地址并不连续。如果在第 2 行的第 3 列显示字符 E，则应先定位显示字符的光标位置。根据图 2-20 中的地址映射可知，字符 E 的显存地址为 42H；然后在表 2-11 中得到字符 E 的显示码为 45H。将显示码 45H 写入 DDRAM 的 42H 单元，即可显示字符 E。

扫一扫看1602模块的引脚说明教学课件

扫一扫看1602模块的引脚说明微课视频

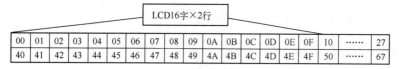

图 2-20 LCD1602 内部显存 DDRAM 地址映射图

00	01	02	03	04	05	06	07	08	09	0A	0B	0C	0D	0E	0F	10	……	27
40	41	42	43	44	45	46	47	48	49	4A	4B	4C	4D	4E	4F	50	……	67

表 2-11 HD44780 的内部字符集

Upper 4 Bits / Lower 4 Bits	0000	0001	0010	0011	0100	0101	0110	0111	1000	1001	1010	1011	1100	1101	1110	1111
xxxx0000	CG RAM (1)			0	@	P	`	p				ー	タ	ミ	α	p
xxxx0001	(2)		!	1	A	Q	a	q			。	ア	チ	ム	ä	q
xxxx0010	(3)		"	2	B	R	b	r			「	イ	ツ	メ	β	θ
xxxx0011	(4)		#	3	C	S	c	s			」	ウ	テ	モ	ε	∞
xxxx0100	(5)		$	4	D	T	d	t			、	エ	ト	ヤ	μ	Ω
xxxx0101	(6)		%	5	E	U	e	u			・	オ	ナ	ユ	σ	ü
xxxx0110	(7)		&	6	F	V	f	v			ヲ	カ	ニ	ヨ	ρ	Σ
xxxx0111	(8)		'	7	G	W	g	w			ア	キ	ヌ	ラ	g	π
xxxx1000	(1)		(	8	H	X	h	x			イ	ク	ネ	リ	√	x̄
xxxx1001	(2)		)	9	I	Y	i	y			ウ	ケ	ノ	ル	⁻¹	y
xxxx1010	(3)		*	:	J	Z	j	z			エ	コ	ハ	レ	j	千
xxxx1011	(4)		+	;	K	[	k	{			オ	サ	ヒ	ロ	×	万
xxxx1100	(5)		,	<	L	¥	l					ャ	シ	フ	ワ	¢	円
xxxx1101	(6)		-	=	M	]	m	}			ュ	ス	ヘ	ン	£	÷
xxxx1110	(7)		.	>	N	^	n	→			ョ	セ	ホ	゛	ñ	
xxxx1111	(8)		/	?	O	_	o	←			ッ	ソ	マ	゜	ö	█

HD44780 片内有两个字符发生存储器：一个是出厂已固化好的字符点阵库 CGROM，在非易失性存储器中存放了 160 个 5×7 字符点阵和 32 个 5×10 字符点阵的字模数据，通过内部电路转换即可实现在 LCD 显示；另一个是供用户自定义特殊字符点阵字库用的易失性存储区 CGRAM，其容量为 64 字节，地址为 00H ～ 3FH。对于一个自定义的 5×7 点阵字符字模再加上一点距间隔，共占用 8 个字节，这样 CGRAM 只能生成 8 个 5×7 自定义点阵字符的字模。表 2-11 列出了字符发生器 CGROM 中存储的与 ASCII 码表一致的内部字符集，以及 CGRAM 的 8 个 5×7 自定义字符字模数据存储空间。

> 📄**小问答**
>
> **问**：字符 H 的显示字符码是什么？编号为 00H 的 5×7 自定义字符，其字模存储在哪个存储区域？对应地址是多少？
>
> **答**：字符 H 是显示控制器内部固化好的，存放在 CGROM，因此查表 2-11 可知其字符码是 48H。自定义字符字模存储在 CGRAM 中，按照从上至下的顺序排列，8 个字节的字模分别对应地址 0x00 ～ 0x07。

4. 跟我学 3——字符型 LCD 模块控制命令字的使用

HD44780 具有 9 条功能较强的命令字，如表 2-12 所示，其使用包括 LCD 上电初始化配置和显示字符两种情况，主要实现对 LCD 显示模式设置以及对内部 DDRAM 和 CGRAM 存储结构的地址指针定位。

表 2-12 字符型 LCD 命令字

编　号	指令名称	控 制 信 号		命 令 字							
		RS	R/$\overline{W}$	D7	D6	D5	D4	D3	D2	D1	D0
1	清屏	0	0	0	0	0	0	0	0	0	1
2	归 home 位	0	0	0	0	0	0	0	0	1	×
3	输入方式设置	0	0	0	0	0	0	0	1	I/D	S
4	显示状态设置	0	0	0	0	0	0	1	D	C	B
5	光标画面滚动	0	0	0	0	0	1	S/C	R/L	×	×
6	工作方式设置	0	0	0	0	1	DL	N	F	×	×
7	CGRAM 地址设置	0	0	0	1	A5	A4	A3	A2	A1	A0
8	DDRAM 地址设置	0	0	1	A6	A5	A4	A3	A2	A1	A0
9	读 BF 和 AC	0	1	BF	AC6	AC5	AC4	AC3	AC2	AC1	AC0

首先，LCD 上电时，都必须按照一定的时序进行初始化操作，主要任务是设置 LCD 的工作方式、显示状态、清屏、输入方式、光标位置等，使用命令字对 LCD 进行初始化的流程如图 2-21 所示。根据显示功能要求构造命令字，通过写命令操作完成命令字的写入时序。

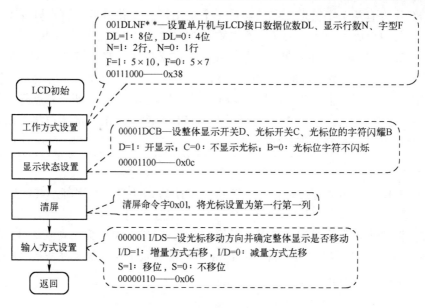

图 2-21 LCD 初始化流程及各命令字含义

初始化成功后，就可以显示字符了，即将显示数据写在相应的 DDRAM 地址中。结合图 2-19 的 DDRAM 地址映射和表 2-12 中命令 8，可以按照表 2-13 通过写命令操作设置 DDRAM 地址指针，接着通过写数据的时序操作，将显示字符码写入 DDRAM 实现字符显示。

表 2-13 光标位置与 DDRAM 地址指针设置命令字对应表

行＼列	1	2	3	4	5	6	7	8	9	10	11	12	13	14	15	16
1	80	81	82	83	84	85	86	87	88	89	8A	8B	8C	8D	8E	8F
2	C0	C1	C2	C3	C4	C5	C6	C7	C8	C9	CA	CB	CC	CD	CE	CF

在指定位置显示一个字符，需要两个步骤：①进行光标定位，写入光标位置命令字（写命令操作）；②写入要显示字符的 ASCII 码（写数据操作）。

当写入一个显示字符后，如果没有再给光标重新定位，则 DDRAM 地址会自动加 1 或减 1，加或减由输入方式字设置。

📄**小问答**

问：如果在 LCD 初始化中，设置显示光标、光标位置字符闪烁，应该修改哪个命令字？

答：应修改显示状态命令字，使 D＝1，C＝1，B＝1，命令字应为 0x0f。

问：如果在第 2 行的第 3 列显示字符 E，应写入什么命令字？如果写命令字函数为 lcd_w_cmd( )，写数据函数为 lcd_r_dat( )，应如何调用函数显示 E？

答：应写入命令字 0xc2。函数调用如下：

```
lcd_w_cmd(0xc2);
lcd_r_dat(0x45);      //该语句也可以写成"lcd_r_dat（'E'）;"
```

5. 跟我学 4——MCU 对字符型 LCD 模块的基本接口操作

单片机对 LCD 模块有四种基本操作：写命令、写数据、读状态和读数据，由 LCD1602 模块三个控制引脚 RS、R/$\overline{\text{W}}$ 和 E 的不同组合状态确定，如表 2-14 所示，结合图 2-21 所示的读操作和写操作时序，编制软件输出控制引脚脉冲电平即可产生 LCD 读写访问时序。在进行写命令、写数据和读数据三种操作之前，必须先进行读状态操作，查询忙标志。当忙标志为 0 时，才能进行这三种操作。

表 2-14 LCD 模块三个控制引脚状态对应的基本操作

LCD 模块控制端			LCD 基本操作
RS	R/$\overline{\text{W}}$	E	
0	0	⊓	写命令操作：用于初始化、清屏、光标定位等
0	1	⊓	读状态操作：读忙标志，当忙标志为 1 时，表明 LCD 正在进行内部操作，此时不能进行其他三类操作；当忙标志为 0 时，表明 LCD 内部操作已经结束，可以进行其他三类操作，一般采用查询方式
1	0	⊓	写数据操作：写入要显示的内容
1	1	⊓	读数据操作：将显示存储区中的数据反读出来，一般比较少用

状态字格式如下，最高位的 BF 为忙标志位，1 表示 LCD 正在忙，0 表示不忙。

BF	AC6	AC5	AC4	AC3	AC2	AC1	AC0

通过判断最高位 BF 的 0、1 状态，就可以知道 LCD 当前是否处于忙状态。如果 LCD 一直处于忙状态，则继续查询等待，否则可进行后面的操作。

📄**小问答**

问：在对 LCD 的控制端执行 RS、R/$\overline{\text{W}}$ 和 E 操作语句后，为什么都必须调用延时函数？

答：对 LCD 的读写操作必须符合 LCD 的读写操作时序。

在读操作时，使能信号 E 的高电平有效，在软件设置顺序上，先设置 RS 和 R/$\overline{\text{W}}$ 状态，再设置 E 信号为高，这时从数据口读取数据，然后将 E 信号置低，最后复位 RS 和 R/$\overline{\text{W}}$ 状态。

在写操作时，使能信号 E 的下降沿有效，在软件设置顺序上，先设置 RS 和 R/$\overline{\text{W}}$ 状态，再设置数据，然后产生 E 信号的脉冲，最后复位 RS 和 R/$\overline{\text{W}}$ 状态。

MCU 对 LCD 基本读写操作时序如图 2-22 所示。

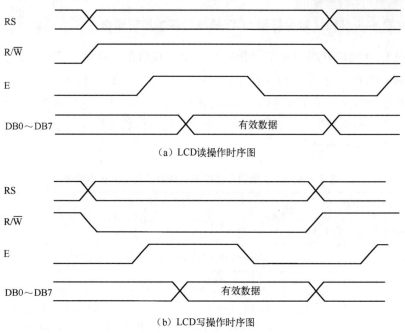

（a）LCD读操作时序图

（b）LCD写操作时序图

图 2-22　LCD 操作时序

6. 动手做 1——画出硬件电路图

单片机控制 LCD1602 字符液晶显示器实用接口电路如图 2-23 所示。

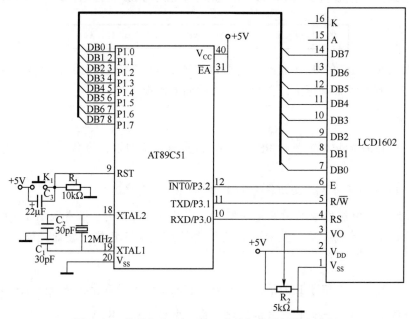

图 2-23　单片机与 LCD1602 液晶显示器硬件电路图

在图 2-23 中，单片机的 P1 口与液晶模块的 8 条数据线相连，P3 口的 P3.0、P3.1、P3.2 分别与液晶模块的三个控制端 RS、R/ $\overline{W}$ 、E 连接。电位器 R_1 为 VO 提供可调的液晶驱动电压，用以实现显示对比度的调节，首次使用时，在液晶上电状态下，调节至液晶上面一行显示出黑色小格为止。

本任务所用器件如表 2-15 所示。

表 2-15　LCD1602 液晶显示器件清单

元 件 名 称	参　数	数量	元 件 名 称	参　数	数量
IC 插座	DIP40	1	电位器	5kΩ	1
单片机	AT89C51	1	电阻	10kΩ	1
晶体振荡器	12MHz	1	电解电容	22μF	1
瓷片电容	30pF	2	液晶 LCD1602		1
按键		1			

📄**小提示**

如果需要背光控制，可以采用单片机的 I/O 口控制 LCD 模块的 A、K 端来实现，控制方法与控制发光二极管的方法完全相同，可串接 10kΩ 电阻用于限流。

7. 动手做 2——编写 LCD1602 液晶模块显示问候语 Hello Everyone 的程序

下面来编写 LCD1602 液晶模块显示问候语的控制程序，在第二行正中间显示 Hello Everyone。

液晶显示字符串的编程思路比较简单：第一步，编写函数实现 LCD 的基本接口时序操作，包括写命令函数 lcd_w_cmd、写数据函数 lcd_w_dat、读状态函数 lcd_r_start；第二步：按照流程图 2-21 编程实现 LCD 显示方式、清屏等操作的初始化函数 lcd_init；第三步：按照任务要求定位光标，即调用函数 lcd_w_cmd 设置 DDRAM 地址指针到第 2 行第 3 列；第四步：依次调用函数 lcd_w_dat 分别将多个字符的显示码写入 DDRAM 实现字符串显示。

📄**小提示**

在 LCD 上显示字符串的过程，实际上就是逐个显示字符的过程，可以把多个字符的字符显示码建一个一维字符数组 Disp[]，用循环变量 i 作为数组下标遍历数组即可逐一取出字符显示码 Disp [i]，循环调用函数 lcd_w_dat 将字符显示码写入 DDRAM。由于 DDRAM 地址会自动增1，因此在开始时只需一次定位光标即可。

LCD1602 液晶模块显示问候语 Hello Everyone 程序如下：

 扫一扫看1602液晶模块显示问候语 Hello Everyone 程序

```
//程序：ex6_1.c
//功能：LCD1602 液晶模块显示问候语 Hello Everyone
#include <reg51.h>
#include <intrins.h>          //库函数头文件，代码中引用了 _nop_() 函数
// 定义控制信号端口
sbit RS = P3^0;
sbit RW = P3^1;
sbit E = P3^2;
```

```c
//声明调用函数
void lcd_w_cmd(unsigned char com);          //写命令字函数
void lcd_w_dat(unsigned char dat);          //写数据函数
unsigned char lcd_r_start();                 //读状态函数
void lcd_init();                             //LCD初始化函数
void delay100us(unsigned char t);           //可控延时函数
void delay5us(unsigned char n);             //软件实现延时函数,n×5个机器周期
void main()                                  //主函数
{
    unsigned char Disp[]="Hello Everyone";   //定义字符数组Disp
    unsigned char i;
    P1=0xff;                                 // 送全1到P1口
    lcd_init();                              //初始化LCD
    delay100us(255);
    lcd_w_cmd(0xc2);                         //定位光标设置显示位置
    delay100us(255);
    for(i=0;i<14;i++)                        //显示字符串
    {
        lcd_w_dat(Disp[i]);
        delay100us(200);
    }
    while(1);                                //显示完成
}
//函数名:delay100us
//函数功能:采用软件实现延时,基准延时时间为100μs(12MHz晶振),共延时100×lμs
//形式参数:延时时间控制参数存入变量t中
//返回值:无
void delay100us(unsigned char t)
{
unsigned char j,i;
for(i=0;i<t;i++)
    for(j=0;j<10;j++);
}
//函数名:delay5us
//函数功能:精确延时 n×5μs 子程序
//形式参数:延时时间参数n,unsigned char 类型
//返回值:无
void delay5us(unsigned char n)
{ do
  {
  _nop_();
  _nop_();
  _nop_();
  n—;
```

```
        }
    while( n );
}
//函数名:lcd_init
//函数功能:lcd 初始化
//形式参数:无
//返回值:无
void lcd_init( )
{
    lcd_w_cmd(0x3c);              //设置工作方式
    lcd_w_cmd(0x0e);              //设置光标
    lcd_w_cmd(0x01);              //清屏
    lcd_w_cmd(0x06);              //设置输入方式
    lcd_w_cmd(0x80);              //设置初始显示位置
}
//函数名:lcd_r_start
//函数功能:读状态字
//形式参数:无
//返回值:返回状态字,最高位 D7 = 0,LCD 控制器空闲;D7 = 1,LCD 控制器忙
unsigned char lcd_r_start( )
{
    unsigned char s;
    RW = 1;                       //RW = 1,RS = 0,读 LCD 状态
    delay5us(1);
    RS = 0;
    delay5us(1);
    E = 1;                        //E 端时序 ⎍
    delay5us(1);
    s = P1;                       //从 LCD 的数据口读状态
    delay5us(1);
    E = 0;
    delay5us(1);
    RW = 0;
    delay5us(1);
    return(s);                    //返回读取的 LCD 状态字
}
//函数名:lcd_w_cmd
//函数功能:写命令字
//形式参数:命令字已存入 com 单元中
//返回值:无
void lcd_w_cmd(unsigned char com)
{
    unsigned char i;
    do{                           // 查 LCD 忙操作
```

```
        i=lcd_r_start();              // 调用读状态字函数
        i=i&0x80;                     // 与操作屏蔽掉低7位
        delay100us(2);
      }while(i!=0);                   // LCD 忙,继续查询,否则退出循环
    RW=0;
    delay5us(1);
    RS=0;                             // RW=1,RS=0,写 LCD 命令字
    delay5us(1);
    E=1;                              //E 端时序___┌─┐___
    delay5us(1);
    P1=com;                           //将 com 中的命令字写入 LCD 数据口
    delay5us(1);
    E=0;
    delay5us(1);
    RW=1;
    delay100us(255);
}
//函数名:lcd_w_dat
//函数功能:写数据
//形式参数:数据已存入 dat 单元中
//返回值:无
void lcd_w_dat(unsigned char dat)
{
    unsigned char i;
    do{                              // 查忙操作
      i=lcd_r_start();               // 调用读状态字函数
      i=i&0x80;                      // 与操作屏蔽掉低7位
      delay100us(2);
    }while(i!=0);                    // LCD 忙,继续查询,否则退出循环
    RW=0;
    delay5us(1);
    RS=1;                            // RW=1,RS=0,写 LCD 命令字
    delay5us(1);
    E=1;                             // E 端时序___┌─┐___
    delay5us(1);
    P1=dat;                          // 将 dat 中的显示数据写入 LCD 数据口
    delay5us(1);
    E=0;
    delay5us(1);
    RW=1;
    delay100us(255);
}
```

编译链接过程参见项目 1 中任务,将源程序 ex6_1.c 生成目标代码文件 ex6_1.hex。

8. 动手做 3——Proteus 仿真

从 Proteus 中选取如下元器件：

（1）AT89C51，单片机；

（2）CRYSTAL，晶振；

（3）RES，电阻；

（4）CAP、CAP-ELEC，电容、电解电容；

（5）POT-LIN 电位器；

（6）LCD1602 字符点阵液晶模块。

　　放置元器件、电源和地，设置参数，连线，最后进行电气规则检查，将目标代码文件 ex6_1.hex 加载到 AT89C51 单片机中，电路仿真效果如图 2-24 所示。

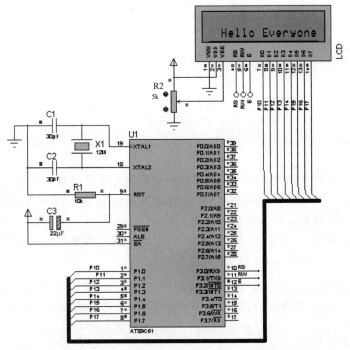

图 2-24　字符 LCD 显示的 Proteus 仿真电路

9. 举一反三

　　问：如何实现每个字符逐个出现的移动广告牌显示效果？

　　答：delay100us 延时子程序的延时时间足够长，50 次循环调用 delay100us（200），即可实现 1s 的延时显示间隔。

　　问：要在第一行中间显示另一字符串 CHINA SHENZHEN，如何实现呢？

　　答：依然可以采用图 2-29 所示的电路，只要将 ex6_1.c 中的程序修改两个地方即可：修改数组 Disp[ ] 中内容为 CHINA SHENZHEN，并将主函数中 for 循环中的变量 i 的取值范围改为 0 ～ 13 即可。

　　另外，字符串 CHINA SHENZHEN 中各字符的遍历可采用字符串结束符 \ 0' 作为循环控制参数，采用 while 循环语句代替 for 循环语句，这样程序的控制更加灵活方便。程序如下所示：

```
void main( )
{
    unsigned char Disp[ ] = "CHINA SHENZHEN";
    unsigned char i;
    P1 = 0xff;                          // 送全 1 到 P1 口
    lcd_init( );                        // 初始化 LCD
    delay100us(255);
    lcd_w_cmd(0x81);                    // 定位光标设置显示位置第 1 行第 2 列
    delay100us(255);
    i = 0;
    while(Disp[i] ! = \0 )              // 显示字符串
    {
        lcd_w_dat(Disp[i]);
        i++;
        delay100us(200);               //延时 20ms
    }
    while(1);                           //显示完成
}
```

问：如果要第 1 行从右侧移入 Hello everyone，同时第 2 行从右侧移入 CHINA SHENZHEN，应如何修改程序？

答：在写第 1 行数据前将 DDRAM 地址指针定位到第 1 行非显示区域地址 0x10 处，将第 2 行数据送到显存时，同样需要将 DDRAM 地址指针定位到第 2 行非显示区域地址 0x51 处，然后使用移屏命令将液晶显存数据整屏向左移动即可。lcd_w_cmd(0x18) 为写整屏左移命令字，每间隔 200ms 移动一个地址，共移动 16 个地址，刚好将要显示的数据全部移入液晶可显示区域。修改后的主程序 main 如下：

```
unsigned char code Disp1[ ] = "Hello Everyone";     //定义第 1 行字符数组 Disp1
unsigned char code Disp2[ ] = "CHINA SHENZHEN";     //定义第 2 行字符数组 Disp2
void main( )                                        //主函数
{   unsigned char i;
    P1 = 0xff;                                      // 送全 1 到 P1 口
    lcd_init( );                                    // 初始化 LCD
    delay100us(255);
    lcd_w_cmd(0x91);                                // 显存地址指针定位到非显示区 0x11 地址
    for(i=0;i<14;i++)
    {   lcd_w_dat (Disp1[i]);
        delay100us(5);
    }
    delay100us(255);
    lcd_w_cmd(0xd1);                                // 显存地址指针定位到非显示区 0x51 地址
    for(i=0;i<14;i++)
    {   lcd_w_dat (Disp2[i]);
        delay100us(5);
```

```
    }
    delay100us(255);
    for(i=0;i<24;i++)                    // 调用移屏命令,整屏 16×2 字符左移
    {
    lcd_w_cmd(0x18);
    delay100us(200);
    }
    while(1);                            // 显示完成
}
```

> 📖**小提示**
>
> ex6_1.c 中定义 Disp 显示字符串为 main 函数的局部变量存在于数据区,由于字符串常量仅显示时被读取,并不进行修改,可将其定义到 code 区,以节约 RAM 动态存储区的内存空间,如上例所示。

将以上各源程序在 Proteus 中编译加载,即可观察结果。

10. 任务小结

本任务通过对字符型 LCD 的显示控制,让读者熟悉 LCD 字符液晶的显示原理,训练单片机并行 I/O 口和字符串的应用能力。

任务 6-2 用液晶图形显示人名

扫一扫看用液晶图形显示人名教学课件　扫一扫看用液晶图形显示人名微课视频

1. 任务要求

在很多场合需要发布大量中文信息,如公交报站屏、医院候诊屏等,对于显示多个汉字、图形及曲线等的应用,选择图形点阵液晶会更加灵活方便。本任务通过用图形液晶显示"王东华"的姓名,学习图形液晶显示器的工作原理及使用方法。

2. 跟我学 1——认识液晶显示模块 PG12864F

PG12864F 是内置了 T6963C 控制器的 128×64 点阵式液晶显示模块,如图 2-25 和图 2-26 所示。

图 2-25　图形液晶模块外形图

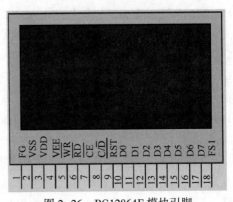

图 2-26　PG12864F 模块引脚

PG12864F外部引脚比字符点阵液晶模块稍微复杂一点，共18个引脚，控制线增至5个，用于和MCU连接同步时序，完成基本命令和数据的读写操作。具体接口信号说明如表2-16所示。

表2-16　PG12864F液晶模块接口信号说明

引脚名称	引脚定义
FG	边框地，用于防静电、防雷击，应与大地连，禁止悬空
VSS	数字地
VDD	逻辑电源+5V
VEE	液晶驱动电压
$\overline{WR}$	写选通信号，低电平有效，输入信号
$\overline{RD}$	读选通信号，低电平有效，输入信号
$\overline{CE}$	T6963C的片选信号，低电平有效
C/$\overline{D}$	通道选择信号，1为指令通道，0为数据通道
$\overline{RST}$	低电平有效的复位信号，将行、列计数器和显示寄存器清零，关显示；可通过对+5V接4.7kΩ电阻，对地接4.7μF电容来实现
D0～D7	显示缓冲区8位数据总线
FS1	字体选择。FS1=1选8×6点阵；FS1=0选8×8点阵

📄小提示

128×64图形点阵液晶模块产品品牌和型号很多，内置的控制器型号也不统一，常见的有KS0108、HD61202、T6963C、ST7920、S6B0724等，初学者易混淆模块型号与控制器型号。其实如果各品牌型号的图形点阵液晶模块采用相同的控制器型号，则其内部存储结构、控制信号线及外部引脚都基本一致，仅顺序微调，这样这类液晶模块就可以采用同一套显示程序。相反，如果各模块控制器不同，虽然其显示原理基本相同，但在程序编码方面还是要根据每个控制器的存储结构进行微调的。本任务选用的PG12864F模块可在Proteus中仿真调试，其内置的T6963C控制器应用较广泛，编程时只须查阅控制器T6963C的相关资料即可。

PG12864F液晶显示模块上已经实现了T6963C与行、列驱动器及显示缓冲区RAM的接口，同时也已用硬件设置了液晶屏的结构（单、双屏）、数据传输方式、显示窗口长宽等，其框图如图2-27所示。

T6963C是点阵式液晶图形显示控制器，其字符字体可由硬件或软件设置为6×8或8×8；可以图形方式、文本方式、图形和文本合成方式进行显示，以及文本方式下的特征显示；具有内部字符发生器CGROM，共有128个字符，可管理8KB显示缓冲区及字符发生器CGRAM，并允许MCU随时访问显示缓冲区，

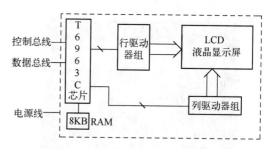

图2-27　PG12864F液晶模块内部框图

甚至可以进行位操作。

3. 跟我学 2——图形点阵 LCD 模块的文本和图形显示方法

T6963C 内部有 8KB 的显示缓冲区，用于存储当前要求显示的数据，根据显示模式不同划分为 3 个显示区，文本显示区为 DDRAM，图形显示区为 GDRAM，文本特性区为 TRAM，另外有 2KB CGRAM 可以供用户自定义字模。T6963C 控制器内置出厂已固化好的字符点阵库 CGROM 存储 128 字节的字符 ASCII 码，如图 2-28 所示。

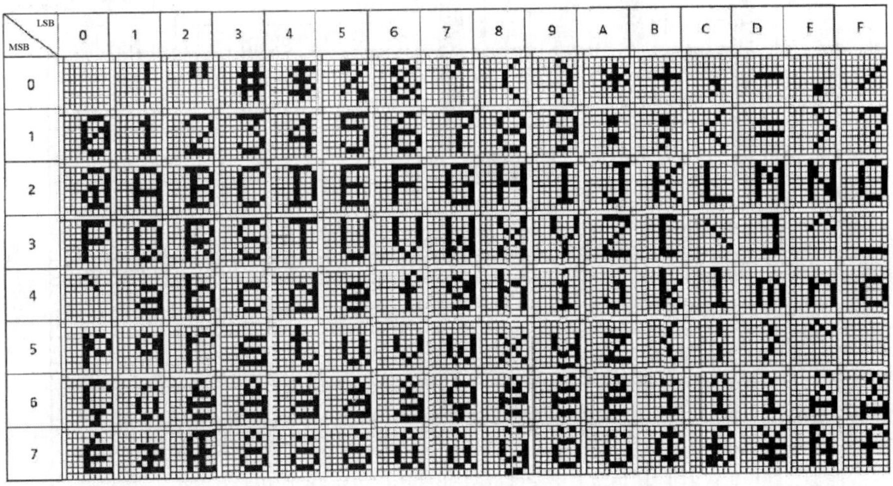

图 2-28　T6963C 控制器内置 CGROM 字符库

通过显示开关命令码可以设置显示 RAM 的文本显示方式或图形显示方式；通过显示方式设置命令码可以选择内部 CGROM 是否有效及文本特征显示方式，文本特征显示时，在文本特性区每个字节作为对应文本区的每个字符显示的特征，包括字符显示与不显示、字符闪烁及字符的"负向"显示等特征。

T6963C 控制器内部不带中文字库，文本显示缓冲区 DDRAM 提供的空间可显示 8 列×4 行的 16×16 自定义点阵汉字或 8×8 点阵字符，显存 DDRAM 的地址指针与显示屏幕坐标位置一一对应。若要在文本方式下显示字符，只需要通过指针设置命令码让控制器工作在文本方式，根据在 LCD 上开始显示的行列号及每行的列数确定显示 DDRAM 对应的地址，设置屏幕坐标对应的显存 DDRAM 指针，并将该字符对应的代码（非点阵字模）写入该单元，就可以显示内部 CGROM 字符发生器的字符字库以及用户自定义的中文字符等。该方式编程方法与字符液晶类似。

📄**小问答**

问：T6963C 控制器如何在第 1 行第 3 列显示字符 H?

答：在 LCD 初始化时，首先发送命令字 0x94 设置 LCD 工作在文本模式；然后发送命令字 0x40 和 0x41 设置文本区首地址为 0x0000，文本区宽度为 16，从而确定显示屏与显示 RAM 单元的对应关系；接着定位 DDRAM 指针低地址 0x02，高地址 0x00，用命令码 0x24 送入控制器；最后将字符 H 的 CGROM 代码 0x28 写入显存即可完成显示。

图形显示缓冲区 GDRAM 提供 64×16 个字节的存储空间与显示屏幕对应，如图 2-29 所示。

REP −1	X=0FH	X=0EH	...	X=00H	
REP =0	X=00F	X=01F	...	X=0FH	
SWAP =1	D7 D6 D5 D4 D3 D2 D1 D0	D7 D6 D5 D4 D3 D2 D1 D0		D7 D6 D5 D4 D3 D2 D1 D0	LINE
SWAP =0	D0 D1 D2 D3 D4 D5 D6 D7	D0 D1 D2 D3 D4 D5 D6 D7		D0 D1 D2 D3 D4 D5 D6 D7	address
0x00					0x00
0x01					0x01
0x02					0x02
0x03					0x03
0x04					0x04
0x05					0x05
0x06					0x06
0x07					0x07
0x08					0x08
0x3a					0x3a
0x3b					0x3b
0x3c					0x3c
0x3d					0x3d
0x3e					0x3e
0x3f					0x3f
Segment Output	SEG0 SEG1 SEG2 SEG3 SEG4 SEG5 SEG6 SEG7 SEG8 SEG9 SEG10 SEG11 SEG12 SEG13 SEG14 SEG15			SEG120 SEG121 SEG122 SEG123 SEG124 SEG125 SEG126 SEG124	

图 2-29　图形显示 RAM 与显示位置映射图

下面介绍 T6963C 控制器常用命令格式。

（1）显示区域设置。指令格式如下：

D1，D2	0 1 0 0 0 0 N1 N0

根据 N1、N0 的不同取值，该指令有四种指令功能形式，如表 2-17 所示。

表 2-17　四种指令功能形式

N1 N0	D1	D2	指令代码	功　　能
0　0	低字节	高字节	40H	文本区首址
0　1	字节数	00H	41H	文本区宽度（字节数/行）
1　0	低字节	高字节	42H	图形区首址
1　1	字节数	00H	43H	图形区宽度（字节数/行）

文本区和图形区首地址对应显示屏上左上角字符位或字节位。文本区宽度（字节数/行）设置和图形区宽度（字节数/行）设置用于调整一行显示所占显示 RAM 的字节数，从而确定显示屏与显示 RAM 单元的对应关系。

（2）显示开关。指令格式如下：

无参数	1 0 0 1 N3 N2 N1 N0

N0：1/0，光标闪烁启用/禁止。

N1：1/0，光标显示启用/禁止。

N2：1/0，文本显示启用/禁止。

N3：1/0，图形显示启用/禁止。

（3）指针设置指令。指令格式如下：

D1, D2	0 0 1 0 0 N2 N1 N0

D1、D2 为第一和第二个参数，后一个字节为指令代码。地址指针设置命令设置将操作的显示缓冲区（RAM）的一个单元地址，D1、D2 为该单元地址的低位和高位地址。

（4）数据一次写方式。指令格式如下：

D1	1 1 0 0 0 N2 N1 N0

D1 为需要写的数据。

根据 N2、N1、N0 的不同取值，该指令有三种指令功能形式，如表 2-18 所示。

表 2-18 三种指令功能形式

N2 N1 N0	指 令 代 码	功 能
0　0　0	C0H	数据写，地址加 1
0　1　0	C2H	数据写，地址减 1
1　0　0	C4H	数据写，地址不变

T6963C 控制器与 MCU 的接口时序如图 2-30 所示，该时序是实现液晶显示的基础，间接连接方式下，以此可编程实现基本操作函数，编程思路与字符液晶显示原理一致。包括写数据函数 write_data( )、无参数写命令字函数 write_cmd1（uchar cmd）、1 参数写命令字函数 write_cmd2（uchar dat, uchar cmd）、2 参数写命令字函数 write_cmd3（uchar data1, uchar data2, uchar cmd）、读状态操作函数 read_status( )。

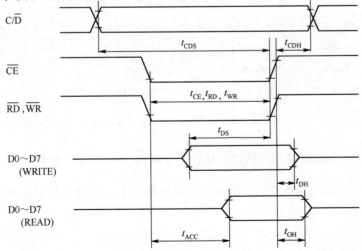

t_{CDS}—C/$\overline{D}$的准备时间；t_{CDH}—C/$\overline{D}$的保持时间；t_{CE}—$\overline{CE}$的脉冲宽度；t_{RD}—$\overline{RD}$的脉冲宽度；

t_{WR}—$\overline{WR}$的脉冲宽度；t_{DS}—数据准备时间；t_{DH}—数据保护时间；t_{ACC}—存取时间；t_{OH}—输出保持时间

图 2-30 T6963C 控制器与 MCU 的接口时序

4. 动手做1——画出硬件电路图

PG12864F 液晶显示模块与 MCU 采用间接连接方式，MCU 通过 I/O 并行接口，按照模拟模块时序的方式，间接实现对液晶显示模块的控制。根据液晶显示模块的需要，并行接口需要一个 13 位并行接口，LCD 的 8 位并行数据线选用 P1 口，读控制线 $\overline{RD}$ 连接单片机的 P2.6 引脚，写控制线 $\overline{WR}$ 连接单片机的 P2.5 引脚，数据与命令选择线 C/$\overline{D}$ 连接单片机的 P2.4 引脚，片选 $\overline{CE}$ 接 P2.2 引脚，复位线 $\overline{RST}$ 接 P2.3 引脚，如图 2-31 所示。

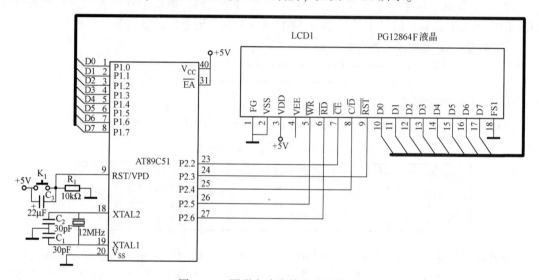

图 2-31　图形点阵液晶显示硬件图

本任务所用器件如表 2-19 所示。

表 2-19　图形点阵液晶显示电路器件清单

元件名称	参数	数量	元件名称	参数	数量
IC 插座	DIP40	1	电阻	10kΩ	1
单片机	AT89C51	1	电解电容	22μF	1
晶体振荡器	12MHz	1	液晶 PG12864F		1
瓷片电容	30pF	2			

5. 动手做2——编写图形点阵液晶模块显示姓名"王东华"的程序

下面来编写 PG12864F 液晶模块显示姓名的控制程序，在第 1 行第 3 列显示学生的姓名"王东华"。

在图形方式下显示汉字会比在文本方式下更灵活，其编程思路如下：第一步，用字模软件对要显示的中文取模，本任务使用 Zimo21，需要设置"横向取模"、"C51 格式"，"王"字的楷体 GB231211 字模为：{0x00，0x00，0x00，0x00，0x01，0xc0，0x1e，0x00，0x02，0x00，0x02，0x00，0x03，0x80，0x1e，0x00，0x02，0x00，0x02，0x00，0x03，0xf0，0x7c，

0x00，0x00，0x00，0x00，0x00}；第二步，编写函数实现 LCD 的基本接口时序操作，由于各命令含参数个数不同，可根据命令格式分别调用无参数写命令函数、1 参数写命令函数和 2 参数写命令函数；第三步，编程实现 LCD 图形显示方式、图形显示区域设置等操作的初始化函数 init_ 12864；第四步，按照任务要求调用写命令函数实现指针设置命令和数据一次写命令功能，将汉字字模写入图形显示缓存 GDRAM 的对应存储单元。

> 📄 **小提示**
>
> 每条指令的执行都是先送入参数（如果有的话），再送入指令代码。每次操作之前最好先进行状态字检测。

PG12864F 图形液晶模块显示学生姓名"王东华"程序如下：

```
//程序:ex6_2.c
//功能:PG12864F 图形液晶模块显示学生姓名"王东华"
#include <reg51.h>
//数据类型符号定义
#define uchar unsigned char
#define uint unsigned int
#define BytePerLine   16          //每行 16 字节
#define Lines 64                  // 64 行逐行扫描
//lcd 引线定义,采用间接方式
sbit ce = P2^2;                   //lcd 片选线
sbit rst = P2^3;                  //lcd 复位线
sbit cd = P2^4;                   //lcd 命令数据选择线
sbit wr = P2^5;                   //lcd 写选择线
sbit rd = P2^6;                   //lcd 读选择线
//函数声明
void delay100us( unsigned char t);
void write_data( uchar dat);
void write_cmd1( uchar cmd);
void write_cmd2( uchar dat,uchar cmd);
void write_cmd3( uchar data1,uchar data2,uchar cmd);
uchar read_status();
void check_status();
void clear_screen();
void init_12864();
void display_HZ( uchar x,uchar y,uchar * hz);
//定义汉字字模数组,加 code 放到外部存储器中,否则空间不够
uchar code Name[3][32] = {
{ /*- 文字:  王  -*/
/*- 楷体_GB231211；  此字体下对应的点阵为:宽×高 = 14×14   -*/
/*-  宽度不是 8 的倍数,现调整为:宽度×高度 = 16×14   -*/
0x00,0x00,0x00,0x00,0x01,0xc0,0x1e,0x00,0x02,0x00,0x02,0x00,0x03,0x80,0x1e,
```

扫一扫看PG12864F
图形液晶模块显示
学生姓名王东华程序

```
0x00,0x02,0x00,0x02,0x00,0x03,0xf0,0x7c,0x00,0x00,0x00,0x00,0x00},
/*－ 文字：  东  －*/
/*－ 楷体_GB231211；  此字体下对应的点阵为:宽×高 = 14×14  －*/
/*－ 宽度不是 8 的倍数,现调整为:宽度×高度 = 16×14  －*/
{0x02,0x00,0x02,0x00,0x04,0xe0,0x3f,0x00,0x08,0x00,0x0a,0x00,0x13,0xc0,0x3e,0x00,0x02,
0x00,0x12,0x40,0x22,0x20,0x46,0x10,0x02,0x00,0x00,0x00},
/*－ 文字：  华  －*/
/*－ 楷体_GB231211；  此字体下对应的点阵为:宽×高 = 14×14  －*/
/*－ 宽度不是 8 的倍数,现调整为:宽度×高度 = 16×14  －*/
{0x09,0x00,0x09,0x40,0x11,0x40,0x31,0x80,0x57,0x20,0x11,0xe0,0x12,0x00,0x03,0xf0,0x7e,
0x00,0x02,0x00,0x02,0x00,0x02,0x00,0x02,0x00,0x00,0x00}
};
void main( )
{
uchar i,j = 0;
init_12864( );
for(i = 0;i<3;i++)
    display_HZ(2+i,0, Name[i]);//显示:王东华
while(1);
}
//函数名:write_data
//函数功能:写数据
//形式参数:数据已存入 dat 单元中
//返回值:无
void write_data( uchar dat)
{
rd = 1;
cd = 0;
ce = 0;
wr = 0;
P1 = dat;
delay100us(10);
wr = 1;
ce = 1;
cd = 1;
}
//函数名:write_cmd1
//函数功能:写命令字
//形式参数:命令字已存入 cmd 单元中
//返回值:无
void write_cmd1( uchar cmd)
{
rd = 1;
```

```
cd = 1;
ce = 0;
wr = 0;
P1 = cmd;
delay100us(10);
wr = 1;
ce = 1;
cd = 0;
}
//函数名:write_cmd2
//函数功能:单参数写命令字,先送参数,再送指令
//形式参数:命令字已存入 cmd 单元中,单参数存入 dat 单元中
//返回值:无
void write_cmd2(uchar dat,uchar cmd)
{
check_status();
write_data(dat);
check_status();
write_cmd1(cmd);
}
//函数名:write_cmd3
//函数功能:双参数写命令字,先送 2 个参数,再送指令
//形式参数:命令字已存入 cmd 单元中,参数存入 data1 和 data2 单元中
//返回值:无
void write_cmd3(uchar data1,uchar data2,uchar cmd)
{
check_status();
write_data(data1);
check_status();
write_data(data2);
check_status();
write_cmd1(cmd);
}
//函数名:read_status
//函数功能:读状态字
//形式参数:无
//返回值:返回状态字,最高位 D7 = 1,LCD 控制器空闲;D7 = 0,LCD 控制器忙
uchar read_status()
{
uchar status;
rd = 0;
wr = 1;
ce = 0;
```

```
    cd = 1;
    status = P1;
    return status;
    }
//函数名:check_status
//函数功能:等待 LCD 控制器状态准备好
//形式参数:无
//返回值:无
void check_status()
{
uchar s;
while((s&0x80)! =0x80)
    s=read_status();              //最高位 D7=0,LCD 控制器忙,循环等待
}
//函数名:clear_screen
//函数功能:数据自动写方式清屏
//形式参数:无
//返回值:无
void clear_screen()
{
uint i,j;
write_cmd3(0x00,0x00,0x24);      //图形方式下,位地址指针设置命令 0x24,设为 0x0000
check_status();

for(i=0;i<Lines;i++)             //数据自动写方式逐位存入 GDRAM 数据 0
{
    write_cmd3((i*16)%256,(i*16)/256,0x24);  //写显示地址指针
    check_status();
    write_cmd1(0xb0);            //数据自动写命令 0xb0,每写一次,地址指针自动加 1
    for(j=0;j<16;j++)           //每行 128 像素,128/8=16 字节
    {
    check_status();
    write_data(0x00);
    }
    write_cmd1(0xb2);           //自动写数据结束
}
}
//函数名:init_12864
//函数功能:LCD 控制器初始化设置
//形式参数:无
//返回值:无
void init_12864()
{
```

```
rst = 1;
delay100us(10);
rst = 0;
wr = 1;
rd = 1;
ce = 1;
cd = 1;
rst = 1;                              //初始化时序控制
check_status();
write_cmd3(0x01,0x00,0x21);          //光标指针设置
check_status();
write_cmd3(0x00,0x00,0x42);          //图形区首地址 0x0000
check_status();
write_cmd3(16,0x00,0x43);            //图形区宽度 16 字节/行
check_status();
write_cmd1(0x80);                    //显示方式设置,正常显示
check_status();
write_cmd1(0x94);                    //显示状态设置 1 0 1 0 N3 N2 N1 N0
//文本显示,光标不显示,不闪烁
write_cmd1(0x98);                    //图形方式显示,不显示字母,只为寻址描点
check_status();
write_cmd1(0xa0);                    //光标形状设置 1 0 1 0 0 N2 N1 N0
clear_screen();                      //清屏
}
//函数名:display_HZ
//函数功能:汉字显示函数,在 x、y 处显示汉字 hz
//形式参数:水平坐标 x(0～7),垂直坐标 y(0～3),汉字字模指针 hz
//返回值:无
void display_HZ(uchar x,uchar y,uchar * hz)
{
unsigned int add_init,add;
uchar i,j = 0;
add_init = y * 16;
i = 0;
for(j = add_init;j<add_init+16;j++)
{
    add = j * 16+x * 2;              //地址指针定位 GDRAM 的位地址
    write_cmd3(add%256,add/256,0x24);  //地址指针设置:低位地址,高位地址,命令
    write_cmd2(hz[i++],0xc0);
    write_cmd2(hz[i++],0xc0);
}
}
void delay100us(unsigned char t)     //省略,延时函数 delay100us,参见项目 6 任务 1 程序 ex6_1.c
```

编译链接过程参见项目 1 中任务，将源程序 ex6_2. c 生成目标代码文件 ex6_2. hex。

6. 动手做 3——Proteus 仿真

从 Proteus 中选取如下元器件：

（1） AT89C51，单片机；

（2） CRYSTAL，晶振；

（3） RES，电阻；

（4） CAP、CAP-ELEC，电容、电解电容；

（5） PG12864F，图形点阵液晶模块。

放置元器件、电源和地，设置参数，连线，最后进行电气规则检查，将目标代码文件 ex6_2. hex 加载到 AT89C51 单片机中，电路仿真效果如图 2-32 所示。

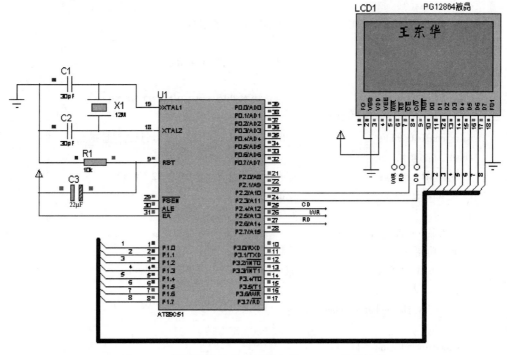

图 2-32　图形点阵液晶显示姓名的 Proteus 仿真效果

7. 举一反三

问：如果王东华的班级在 09 电子 1 班，要在图形点阵液晶第 2 行第 2 列显示该生的班级信息，应怎么修改程序？

答：依然可以采用图 2-31 所示的电路，虽然 09 是文本字符类型，但同样可以用取模软件得到其点阵字模，存入数组 Class [ ]，并修改 ex6_2. c 中的主程序即可。

```
void main( )
{
uchar i,j=0;
```

```
init_12864();
for(i=0;i<3;i++)
    display_HZ(2+i,0, Name[i]);//显示:王东华
for(i=0;i<6;i++)
    display_HZ(1+i,1, Class[i])//显示:09电子1班
while(1);
}
```

编译加载，观察结果。

📖**小结论**

　　汉字的显示一般采用图形方式，事先提取需要显示的汉字点阵码，每个汉字占 32 字节，分左、右两半部，各占 16 字节，左边为 1、3、5、…，右边为 2、4、6、…。根据在 LCD 上开始显示的行列号及每行的列数可确定显示 GDRAM 对应的地址，设立光标，送上要显示的汉字的第一个字节，光标位置加 1，送第 2 字节，换行按列对齐，送第 3 字节，直到 32 字节显示完就可在 LCD 上得到一个完整的汉字。

　　问：在 PG12864F 图形液晶模块第 1 行第 3 列开始显示字符串 Hello，应如何修改程序？

　　答：依然可以采用图 2-31 所示的电路，由于工作在文本方式下，需要修改初始化函数 init_12864，编写显示字符函数 display_char 并修改主程序 main 的调用代码。

将原 init_12864 函数中关于图形方式的代码改为文本方式的命令字，如下：

```
uchar code Disp_string[]="Hello";
init_12864()
{
…
write_cmd3(0x00,0x00,0x40);              //文本区首地址
check_status();
write_cmd3(16,0x00,0x41);               //文本区宽度
check_status();
write_cmd1(0x94);                       //显示状态设置 1 0 1 0 N3 N2 N1 N0    文本显示,
光标不显示,不闪烁
…
//删除 write_cmd1(0x98);clear_screen();这两个语句是在图形方式下的函数调用
}
//函数名:display_char
//函数功能:字符显示函数,在 x、y 处显示字符
//形式参数:水平坐标 x(0~15),垂直坐标 y(0~7),字符代码 ch
//返回值:无
void display_char(uchar x,uchar y,uchar ch)
{
uchar add;
add=(y*128)+x;
```

```
    write_cmd3(add%256,add/256,0x24);              //地址指针位置
    write_cmd2(ch-32,0xc0);                        //T6963C 字符表与 ASCII 差 32
}
main( )
{
...
    for(i=2;i<7;i++)                               // 文本模式显示字符串 Hello
    {
        display_char(i,0,Disp_string[i-2]);
        delay100us(200);
    }
    while(1);
}
```

8. 任务小结

本任务采用单片机 I/O 口间接访问方式控制图形液晶显示汉字，训练单片机并行 I/O 口时序控制的应用能力，实现图形模式下的汉字显示功能。应熟练掌握图形点阵液晶显示原理，并具备二维数组、字符指针的编程与调试能力。

 扫一扫看扩展任务8用液晶字符显示汉字

 扫一扫看1602液晶模块显示汉字字符工的程序

 扫一扫看扩展任务9用液晶图形显示图片

项目小结

本项目在字符型液晶显示器上实现了模拟移动广告牌显示控制功能，在图形点阵液晶显示器上实现汉字和图片显示功能的信息发布屏，由在指定位置显示字符串、字符串的移动显示、自编字符的显示，再到汉字和图片的显示，功能逐步扩展。项目训练了在使用比较复杂的可编程芯片或模块时，根据生产厂家提供的资料进行编程的基本能力；为设计制作具有液晶显示功能的单片机应用产品奠定基础。

本项目的知识点如下：

◇ 字符液晶显示模块的显示技术；

◇ 图形液晶显示模块的显示技术；

◇ 二维字符数组；

◇ 字符指针。

单元 3

串行通信接口及应用

本章主要介绍51单片机的串行通信接口，从单片机双机通信任务入手，让读者对串行通信有一个感性的认识和了解，并介绍单片机串行口与PC之间的通信。

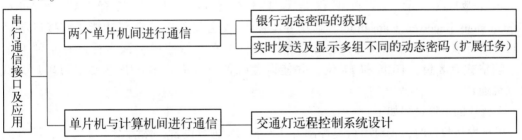

扫一扫看串口通信项目Proteus仿真录屏

扫一扫看项目7两个单片机间进行通信教学课件

项目7　两个单片机间进行通信

扫一扫看51单片机的串行口结构教学课件

扫一扫看51单片机的串行口结构微课视频

训练任务	银行动态密码的获取：单片机甲机中存放的动态口令发送给单片机乙机，乙机接收到数据后控制数码管显示数据
知识详解	◇ 串行口结构及工作方式； ◇ MCS-51 单片机双机通信
学习要点	◇ 熟练掌握 6 位动态数码管显示； ◇ MCS-51 单片机双机通信
扩展任务	实时发送及显示多组不同的动态密码
建议学时	6

扫一扫看串行口工作方式1应用实例教学课件

扫一扫看串行口工作方式1应用实例微课视频

任务 7-1　银行动态密码的获取

1. 任务要求

在银行业务系统中，为了提高柜员的登录安全和授权操作中的安全性，应采用动态口令系统。通过单片机的双机通信可模拟动态密码的获取。假设单片机甲机中存放的动态口令是935467，单片机甲机发送动态口令给单片机乙机，乙机接收到数据以后在 6 个数码管上显示接收数据。

2. 跟我学 1——串行口的工作过程及与 MCS-51 串行口有关的特殊功能寄存器

MCS-51 内部有一个可编程全双工串行通信接口，它具有 UART（Universal Asynchronous Receiver/Transmitter，通用异步接收/发送装置）的全部功能，该接口不仅可以同时进行数据的接收和发送，还可作为同步移位寄存器使用。该串行口有 4 种工作方式，帧格式有 8 位、10 位和 11 位，并能设置各种波特率。本任务主要学习串口方式 1 的双机通信。

串行口的工作过程如下：

甲机发送数据时，先对串行口控制寄存器 SCON 进行设置，然后设定波特率，接着把要发送的数据写入串行口的发送缓冲器 SBUF 中，再从 TXD 端一位一位地向外部发送，当发送完一帧数据后，置中断标志 TI 为 1。同样，乙机接收数据时，先对串行口控制寄存器 SCON 进行设置，然后设定波特率，接收端 RXD 一位一位地接收外部数据，当收到一个完整的数据后置中断标志 RI 为 1 通知 CPU，再将接收缓冲器 SBUF 的数据读入。

与 MCS-51 串行口有关的特殊功能寄存器有 SBUF、SCON、PCON，下面分别对它们进行详细讨论。

扫一扫看异步通信与同步通信教学课件

扫一扫看异步通信与同步通信微课视频

1）串行口数据缓冲器 SBUF

在串行口工作时，有两个很特别的缓冲寄存器：一个是发送缓冲寄存器，用于存放接收到的数据；另一个是接收缓冲寄存器，用于存放欲发送的数据，但它们却有着一个共同的名字——SBUF。SBUF 是两个在物理上独立的接收、发送寄存器，两个缓冲器共用一个地址 99H，通过对 SBUF 的读、写指令来区别是操作接收缓冲器，还是操作发送缓冲器。

2）串行口控制寄存器 SCON

SCON 用来控制串行口的工作方式和状态，可以位寻址，字节地址为 98H。单片机复位时，所有位全为 0。其格式如图 3-1 所示。

SCON　(98H)

SM0	SM1	SM2	REN	TB8	RB8	TI	RI

图 3-1　SCON 的各位定义

扫一扫看51单片机的串行口相关寄存器教学课件

扫一扫看51单片机的串行口相关寄存器微课视频

对各位的说明如下：

（1）SM0、SM1：串行方式选择位，其定义如表 3-1 所示。

表 3-1　串行口的工作方式

SM0	SM1	工作方式	功　能	波　特　率
0	0	方式 0	8 位同步移位寄存器	$f_{osc}/12$
0	1	方式 1	10 位 UART	可变
1	0	方式 2	11 位 UART	$f_{osc}/64$ 或 $f_{osc}/32$
1	1	方式 3	11 位 UART	可变

（2）SM2：多机通信控制位，用于方式 2 和方式 3 中。

（3）REN：允许串行接收位。由软件置位或清零。REN = 1 时，允许接收；REN = 0 时，禁止接收。在本任务中由乙机用于接收数据，因此，在编写乙机接收程序时，让 REN = 1，允许乙机接收。

（4）TB8：发送数据的第 9 位。在方式 2 和方式 3 中，由软件置位或复位，可作为奇偶校验位。在多机通信中，可作为区别地址帧或数据帧的标识位，一般约定地址帧时 TB8 为 1，约定数据帧时 TB8 为 0。

（5）RB8：接收数据的第 9 位。功能同 TB8。

（6）TI：发送中断标志位。在方式 0 中，发送完 8 位数据后，由硬件置位；在其他方式中，在发送停止位之初由硬件置位。因此，TI = 1 是发送完一帧数据的标志。其状态既可供软件查询使用，也可请求中断。TI 位必须由软件清 0。

（7）RI：接收中断标志位。在方式 0 中，接收完 8 位数据后，由硬件置位；在其他方式中，当接收到停止位时该位由硬件置 1。因此，RI = 1 是接收完一帧数据的标志。其状态既可供软件查询使用，也可请求中断。RI 位也必须由软件清 0。

若要使单片机工作在串行通信的方式 1 下作为发送，则设置 SCON = 0x40 即可。

3）电源及波特率选择寄存器 PCON

PCON 主要是为 CHMOS 型单片机的电源控制而设置的专用寄存器，字节地址为 87H，不可以位寻址。在 HMOS 的 AT89C51 单片机中，PCON 除了最高位以外其他位都是虚设的。其格式如图 3-2 所示。

PCON (87H)

SMOD	×	×	×	GF1	GF0	PD	IDL

图 3-2　PCON 的各位定义

与串行通信有关的只有 SMOD 位。SMOD 为波特率选择位。在方式 1、2 和 3 时，串行通信的波特率与 SMOD 有关。当 SMOD＝1 时，通信波特率乘 2；当 SMOD＝0 时，波特率不变。其他各位用于电源管理，在此不再赘述。

3. 跟我学2——波特率计算

在方式 1 下，波特率由定时器 T1 的溢出率和 SMOD 共同决定，即

扫一扫看波特率设置教学课件

$$方式 1 的波特率 = \frac{2^{\text{SMOD}}}{32} \times T1 \text{ 溢出率}$$

其中，T1 的溢出率取决于单片机定时器 T1 的计数速率和定时器的预置值。当定时器 T1 设置在定时方式时，定时器 T1 溢出率＝T1 计数速率/产生溢出所需机器周期数。由于定时方式时，T1 计数速率＝$f_{\text{osc}}/12$，产生溢出所需机器周期数＝M－计数初值 X，这里 M 为定时器最大计数值，所以以串行接口工作在方式 1 和方式 3 时：

$$方式 1 和 3 的波特率 = \frac{2^{\text{SMOD}}}{32} \times \frac{f_{\text{osc}}}{12 \ (M-X)}$$

实际上，当定时器 T1 作为波特率发生器使用时，通常工作在定时器的方式 2 下，此时，$M＝256$，可得

扫一扫看波特率设置微课视频

$$串行接口工作在方式 1 和 3 时波特率 = \frac{2^{\text{SMOD}}}{32} \times \frac{f_{\text{osc}}}{12 \ (256-X)}$$

$$计数初值 \ X = 256 - \frac{2^{\text{SMOD}}}{32} \times \frac{f_{\text{osc}}}{12 \times 波特率}$$

表 3-2　定时器 T1 工作在定时、方式 2 时常用的波特率和计数初值

串行口工作方式 波特率/bps	f_{osc}/MHz	SMOD	定时器 T1		
			C/$\overline{\text{T}}$	模式	初始值
方式 0：1000000	12	×	×	×	×
方式 2：375000	12	1	×	×	×
方式 1、3： 62500	12	1	0	2	0xff
19200	11.0592	1	0	2	0xfd
9600	11.0592	0	0	2	0xfd
4800	11.0592	0	0	2	0xfa
2400	11.0592	0	0	2	0xf4
1200	11.0592	0	0	2	0xf8
110	6	0	0	2	0x72
110	12	0	0	1	0xfeeb

下面来分析以下程序设置的波特率大小。波特率编程如下：

```
TMOD = 0x20;        //定时器 T1 为方式 2
TL1 = 0xf4;         //设置定时器初始值
TH1 = 0xf4;
TR1 = 1;            //启动定时器
```

分析 TMOD 的设置，对照表 3 - 2，可知串行通信的波特率应为 2400bps，f_{osc} 为 11.0592MHz。

4. 动手做 1——画出硬件电路图

银行动态密码获取的硬件电路如图 3-3 所示。乙机的 6 个数码管采用动态连接方式，各位共阳极数码管相应的段选控制端并联在一起，由 P1 口控制，用八同相三态缓冲器/线驱动器 74LS245 驱动。各位数码管的公共端，也称为"位选端"，由 P2 口控制，用六反相驱动器 74LS04 驱动。甲机作为发送端，乙机作为接收端。将甲机的 TXD（P3.1，串行数据发送端）引脚接乙机的 RXD（P3.0，串行数据接收端）引脚。甲机的 RXD 引脚接乙机的 TXD 引脚。值得注意的是，两个系统必须共地。

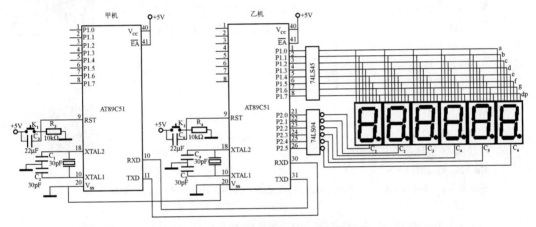

图 3-3　银行动态密码获取的硬件电路

因为是双机通信，需要准备两套单片机电路器件。甲乙机双机通信电路器件清单如表 3-3 所示。

表 3-3　甲乙机双机通信电路器件清单

元件名称	参　数	数　量	元件名称	参　数	数　量
IC 插座	DIP40	2	按键		2
单片机	AT89C51	2	电阻	10 kΩ	2
晶体振荡器	11.0592 MHz	2	电解电容	22 μF	2
瓷片电容	30 pF	4	八段 LED		6
同相驱动器	74LS245	1	反相驱动器	74LS04	1

5. 动手做 2——单片机甲机中存放的动态口令是 935467，甲机发送动态口令给单片机乙机，乙机接收到数据以后在 6 个数码管上显示接收数据

甲机发送数据程序如下：

```
//程序:ex7_1.c
//功能:甲机发送数据程序
#include <reg51.h>
void main()              //主函数
{
  unsigned char i;
  unsigned char send[]={9,3,5,4,6,7};   //定义要发送的数据,为了简化显示,发送数据在0~9之间
    TMOD=0x20;                //定时器T1工作于方式2
    TL1=0xf4;                 //波特率为2400bps
    TH1=0xf4;
    TR1=1;
    SCON=0x40;                //定义串行口工作于方式1
  for (i=0;i<6;i++)
    {
    SBUF=send[i];             // 发送第i个数据
    while(TI==0);             // 查询等待发送是否完成
    TI=0;                     // 发送完成,TI由软件清0
    }
  while(1);
}
```

扫一扫看甲机发送数据程序

扫一扫看串行口工作方式1教学课件

扫一扫看串行口工作方式1微课视频

乙机接收及显示程序如下：

扫一扫看乙机接收及显示程序

```
//程序:ex7_2.c
//功能:乙机接收及显示程序
#include <reg51.h>
code unsigned char tab[]={0xc0,0xf9,0xa4,0xb0,0x99,0x92,0x82,0xf8,0x80,0x90};
                          //定义0~9显示字型码
unsigned char buffer[]={0x00,0x00,0x00,0x00,0x00,0x00};    //定义接收数据缓冲区
void disp(void);               //显示函数声明
void main()                    //主函数
{
  unsigned char i;
    TMOD=0x20;                //定时器T1工作于方式2
    TL1=0xf4;                 //波特率定义
    TH1=0xf4;
    TR1=1;
    SCON=0x40;                //定义串行口工作于方式1
  for(i=0;i<6;i++)
    {
    REN=1;                    //接收允许
    while(RI==0);             //查询等待接收标志为1,表示接收到数据
    buffer[i]=SBUF;           //接收数据
    RI=0;                     //RI由软件清0
    }
```

```
        for( ; ; ) disp( );                    //显示接收数据
    }
    //函数名:disp
    //函数功能:在 6 个 LED 上显示 buffer 中的 6 个数
    //入口参数:无
    //出口参数:无
    void disp( )
    {
        unsigned char w,i,j;
        w = 0x01;                              //位码赋初值
        for(i = 0;i<6;i++)
        {
            P1 = tab[ buffer[ i ] ];           // 送显示字型段码,buffer[ i]作为数组分量的下标
            P2 = ~ w;                          // 送位码
            for(j = 0;j<100;j++);              // 显示延时
            w<< = 1;                           // w 左移一位
        }
    }
```

编译链接过程参见项目 1 中的任务，将源程序 ex7_1. c 和 ex7_2. c 分别生成目标代码文件 ex7_1. hex 和 ex7_2. hex。

6. 动手做 3——Proteus 仿真

从 Proteus 中选取如下元器件：

（1） AT89C51，单片机；

（2） RES、RX8，电阻、排阻；

（3） CAP、CAP-ELEC，电容、电解电容；

（4） 7SEG-COM-AN-BLUE，共阳极数码管。

放置元器件、电源和地，然后设置参数，再连线，最后进行电气规则检查。将目标代码文件 ex7_1. hex 加载到左边甲机 AT89C51 单片机中，将目标代码文件 ex7_2. hex 加载到右边甲机 AT89C51 单片机中，电路仿真效果如图 3-4 所示。

7. 举一反三

问：如果银行动态密码为 368094，如何实现呢？

答：依然可以采用图 3-3 所示的电路，只要将 ex7_1. c 中的程序修改一个地方即可：将主函数中一维数组 unsigned char send[ ] = {9, 3, 5, 4, 6, 7} 修改为 unsigned char send[ ] = {3, 6, 8, 0, 9, 4} 即可。

编译加载，观察结果。

同理，要变成其他的动态密码，只需要修改一维数组 send [ ] 的内容。

8. 任务小结

本任务通过单片机之间的双机通信设计，进一步学习定时器的功能和编程使用，理解串

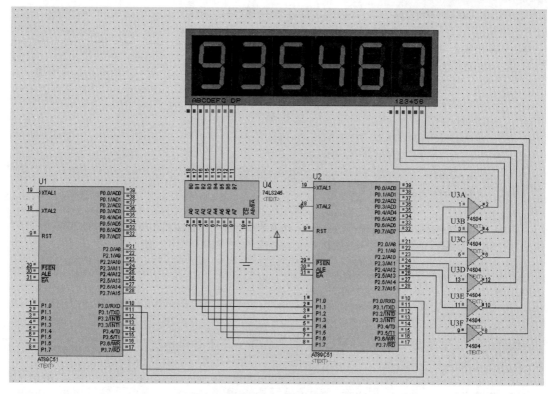

图 3-4　银行动态密码 935467 获取的 Proteus 仿真电路

行通信与并行通信两种通信方式的异同，掌握串行通信的重要指标：字符帧和波特率，初步了解 MCS-51 系列单片机串行口的使用方法。

 扫一扫看扩展任务10 实时发送及显示多组不同的动态密码

 扫一扫看甲机定时1秒发送一组数据的程序

 扫一扫看乙机接收及显示多组密码程序

项目小结

　　本项目涉及串行口的基本原理，从固定发送一组动态密码显示到实时地发送多组不同的动态密码。项目进一步训练单片机定时/计数器的应用能力、一维数组的实际应用以及串行方式 1 双机通信的编程与调试能力。

　　本项目的知识点如下：

◇ LED 数码管动态显示技术；

◇ 一维数组；

◇ 定时/计数器定时中断；

◇ 串行口双机通信。

项目 8　单片机与计算机间进行通信

训练任务	交通灯远程控制系统设计
知识详解	◇ 通信协议； ◇ 单片机与 PC 的通信
学习要点	◇ 熟练掌握交通灯系统的设计； ◇ MCS-51 单片机与 PC 通信
建议学时	6

任务 8-1　交通灯远程控制系统设计

1. 任务要求

实现用 PC 作为控制主机，单片机为从机的交通灯远程控制系统。主机、从机双方除了要有统一的数据格式、波特率外，还要约定一些握手应答信号，即通信协议，如表 3-4 所示。

表 3-4　交通灯控制系统 PC 与单片机通信协议

主机（PC）		从机（单片机）	
发送命令	接收应答信息	接收命令	回发应答信息
0x01	0x01	0x01	0x01
命令含义：紧急情况，要求所有方向均为红灯，直到解除命令			
0x02	0x02	0x02	0x02
命令含义：解除命令，恢复正常交通指示灯状态			

协议说明：

（1）通过 PC 键盘输入 0x01 命令，发送给单片机；单片机收到 PC 发来的命令后，进入紧急情况状态，将十字路口两个方向的交通指示灯都变为红灯，再发送 0x01 作为应答信号，PC 收到应答信号 0x01，并在屏幕上显示出来。

（2）通过 PC 键盘输入 0x02 命令，发送给单片机；单片机收到 PC 发来的命令后，恢复正常交通灯指示状态，并回送 0x02 作为应答信号，PC 屏幕上显示 0x02。

（3）设置主机、从机的波特率为 2400bps；帧格式为 10 位，包括 1 位起始位、8 位数据位、1 位停止位，无校验位。

2. 动手做 1——画出硬件电路图

交通灯远程控制系统的硬件电路如图 3-5 所示。单片机与 PC 之间通信要通过 MAX232进行电平转换，单片机通过 P1 口控制 12 个灯来模拟东、西、南、北四个方向的交通灯运行状态。

单片机和 PC 通信电路器件清单如表 3-5 所示。

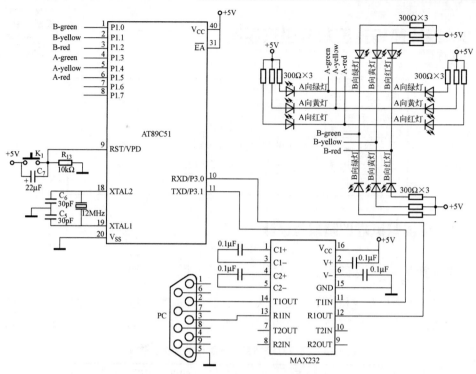

图 3-5　交通灯远程控制系统的硬件电路

表 3-5　交通灯远程控制系统 PC 与单片机通信器件清单

元 件 名 称	参　　数	数量	元 件 名 称	参　　数	数量
IC 插座	DIP40	1	PC		1
单片机	AT89C51	1	电平转换芯片	MAX232	1
晶体振荡器	11.0592MHz	1	瓷片电容	30pF	2
发光二极管	LED	12	电阻	300Ω	12
电阻	10kΩ	1	弹性按键		1

> 📄**小知识**
>
> 　　MCS-51 系列单片机输入、输出的逻辑电平为 TTL 电平，而 PC 配置的 RS-232C 标准接口逻辑电平为负逻辑，所以单片机与 PC 间的通信要加电平转换电路。

　　图 3-5 所示电路采用 MAX232 芯片来实现电平转换，它可以将单片机 TXD 端输出的 TTL 电平转换成 RS-232C 标准电平。PC 用 9 芯标准插座通过 MAX232 芯片和单片机串行口连接，MAX232 的 14、13 引脚接 PC；11、12 引脚接至单片机的 TXD 和 RXD 端。

3. 动手做 2——控制程序设计

　　主机 PC 的通信程序可以用 Turbo C 语言编写，也可以用高级语言 VC、VB 来编写。最简单的方法是在 PC 中安装"串口调试助手"，只要设定好波特率等参数就可以直接使用，用户无须再自己编写通信程序。

单片机通信程序用 C 语言来编写，参考流程如图 3-6 所示。

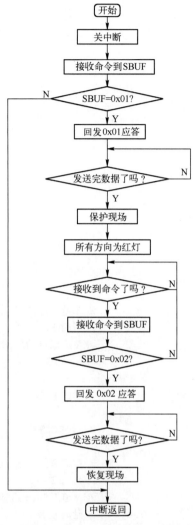

图 3-6 单片机通信程序流程图

单片机串口通信程序如下：

```
//程序:ex8.c
//功能:交通灯远程控制程序单片机程序,晶振为 11.0592MHz
#include<reg51.h>
#define uchar unsigned char
void delay0_5s();                 //0.5s 延时程序
void delay_t(unsigned char t);    //0.5~128s 延时
void traffic();
unsigned char t0,t1;              //定义全局变量,用来保存延时时间循环次数
void main()                       //主函数
{
    TMOD=0x21;                    //设置定时器 T0 方式 1(延时 0.5s 函数),定时器 T1 方式 2
        TH1=0xfd;
```

扫一扫看交通灯远程控制程序单片机程序

```
    TL1 = 0xfd;                      //设置串行口波特率为 9600bps

    TR1 = 1;                         //启动定时器
         SCON = 0x50;                //串行口方式 1,允许接收
         PCON = 0x00;
         EA = 1;                     //开总中断允许位
    ES = 1;                          //开串行口中断
         while(1){
         traffic( );

              }
    }

//函数名:traffic
//功能:交通灯显示状态
//形式参数:无
//返回值:无
void traffic( )
{ unsigned char k;
    P1 = 0xf3;                       //A 道绿灯,B 道红灯
      delay_t(10);                   //延时 5s
      for(k=0;k<3;k++)               //A 道绿灯闪烁,B 道红灯
      {
        P1 = 0xfb;
        delay0_5s( );                //延时 0.5s
        P1 = 0xf3;
        delay0_5s( );                //延时 0.5s
      }
        P1 = 0xeb;                   //A 道黄灯,B 道红灯
      delay_t(4);                    //延时 2s
      P1 = 0xde;                     //A 道红灯,B 道绿灯
      delay_t(10);                   //延时 0.5s
      for(k=0;k<3;k++)               //A 道红灯,B 道绿灯闪烁
      {
        P1 = 0xdf;
        delay0_5s( );                //延时 0.5s
        P1 = 0xde;
        delay0_5s( );                //延时 0.5s
      }
      P1 = 0xdd;                     //A 道红灯,B 道黄灯
      delay_t(4);                    //延时 2s
}
//函数名:serial
//功能:串行口中断函数,接收主机命令,控制交通灯显示状态
//形式参数:无
//返回值:无
void serial( ) interrupt 4                      //串行口中断类型号是 4
    {
```

```
    unsigned    char    i;
    EA = 0;                              //关中断
    if( RI = = 1)                        //接收到数据
    {
        RI = 0;                          //软件清除中断标志位
        if( SBUF = = 0x01)               //判断是否 0x01 亮灯命令
        {
          SBUF = 0x01;                   //将收到的 0x01 命令回发给主机
          while( !TI);                   //查询发送
          TI = 0;                        //发送成功,由软件清 TI
          i = P1;                        //保护现场,保存 P1 口状态
          P1 = 0xdb;                     //P1 口控制的两路红灯全亮
          while( SBUF! = 0x02);          // 判断是否 0x02 命令
          {
              while( !RI);               //等待接收下一个命令
              RI = 0;                    //软件清除中断标志位
          }
          SBUF = 0x02;                   //将收到的 0x02 命令回发给主机
          while( !TI);                   //查询发送
          TI = 0;                        //发送成功,由软件清 TI
          P1 = i;                        //恢复现场,送回 P1 口原来状态
          EA = 1;                        //开中断
        }
        else
        {
            EA = 1;
        }
    }
}
//函数功能:用 T1 的方式 1 编制 0.5s 延时程序,假定系统采用 12MHz 晶振,
//定时器 T1、工作方式 1 定时 50ms,再循环 10 次即可定时到 0.5s
//形式参数:无
//返回值:无
void delay 0_5s( )
{
    for( t0 = 0;t0<0x0a;t0++)            // 采用全局变量 t0 作为循环控制变量
    {
    TH0 = 0x3c;                          // 设置定时器初值
    TL0 = 0xb0;
    TR0 = 1;                             // 启动 T1
    while( !TF0);                        // 查询计数是否溢出,即定时 50ms 时间到,TF0 = 1
    TF0 = 0;                             // 50ms 定时时间到,将定时器溢出标志位 TF0 清零
    }
}
//函数名:delay_t
//函数功能:实现 0.5～128s 延时
//形式参数:unsigned char t;
//延时时间为 0.5s×t
```

```
//返回值:无
void delay_t( unsigned char t)
{
    for( t1 = 0;t1<t;t1++)
delay0_5s( );
}
```

编译链接过程参见项目 1 中的任务，将源程序 ex8. c 生成目标代码文件 ex8. hex。

4. 动手做 3——调试并运行程序

通过串口线将单片机与 PC 相连，PC 上先安装"串口调试助手"应用程序，然后进行以下测试：

（1）在 PC 上运行"串口调试助手"程序，设置好波特率，参数如图 3-7 所示。

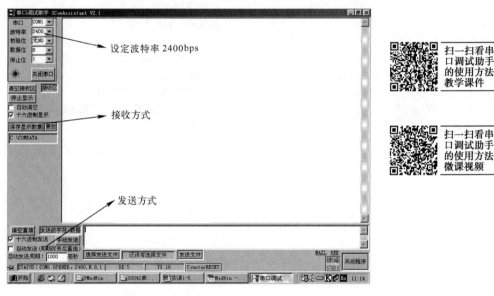

图 3-7 串口调试助手的设置

（2）给单片机交通灯控制系统上电，观察交通灯的正常运行状态。

（3）在 PC 的"串口调试助手"中，用 PC 键盘输入十六进制命令 0x01 并发送，注意观察是否接收到返回的握手信号 0x01 和交通灯的显示状态。

（4）继续用 PC 键盘输入十六进制命令 0x02 并发送，注意观察是否接收到返回的握手信号 0x02 和下位机交通灯的显示状态。

5. 动手做 4——Proteus 仿真

从 Proteus 中选取如下元器件：

（1）AT89C51，单片机；

（2）RES，电阻；

（3）CAP、CAP-ELEC，电容、电解电容；

（4）CRYSTAL，晶振；

（5）BUTTON，按键；

（6）LED-YELLOW、LED-RED、LED-GREEN，黄灯、红灯、绿灯；

（7）MAX232，电平转换；

（8）COMPIM，串口；

（9）虚拟终端选择VIRTUAL TERMINAL，串行收发数据。

放置元器件、电源和地，设置参数，连线，最后进行电气规则检查，将目标代码文件ex8. hex加载到AT89C51单片机中，电路仿真。正常情况下仿真效果如图3-8所示。

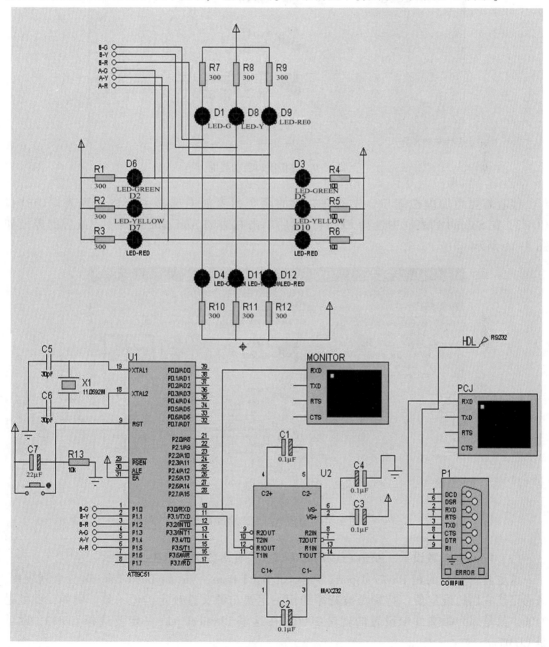

图3-8　远程控制交通灯的正常运行情况

要看到远程控制交通灯紧急情况的效果，必须完成以下几个步骤：

（1）上网下载一个虚拟串口软件，安装完后启动界面如图3-9所示。

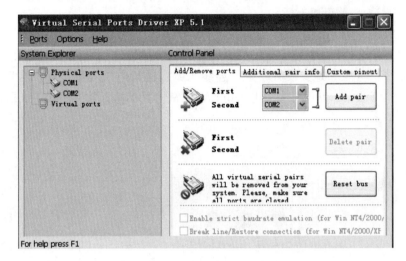

图3-9　虚拟串口启动界面

接着需要增加虚拟端口，先从它右边的两个列表框中选择，在First列表框中选择COM3，在Second列表框中选择COM4，然后单击右边的Add pair按钮。完成后的界面如图3-10所示。

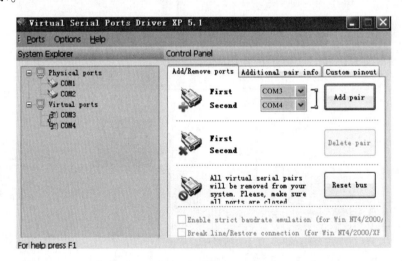

图3-10　虚拟串口设置端口界面

（2）Proteus参数设置。双击COMPIM串口，设置参数，如图3-11所示。

这里需要关心的是Physical port、Physical Baud Rate、Virtual Baud Rate这三个列表框。务必记住它们的设定值，特别是波特率的值一定要与源文件规定的值一致，例如，此处是2400，就是因为源文件中设置的就是2400。在这里Physical port一定要选择COM3，默认是COM1。

（3）设置串口调试助手。串口调试助手参数设置如图3-12所示。

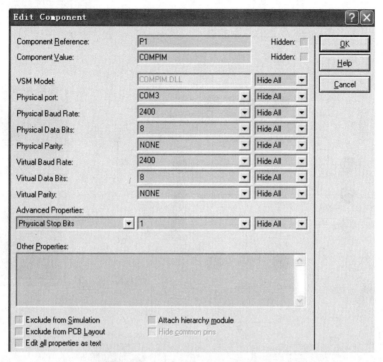

图 3-11　COMPIM 串口参数设置

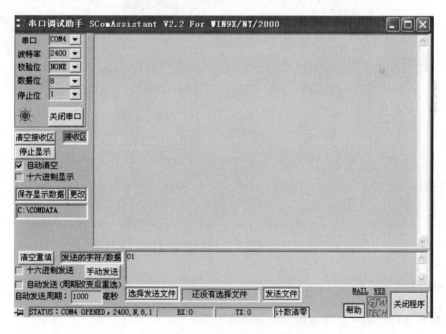

图 3-12　串口调试助手参数设置

设置完成后，发送数据 0x01，紧急情况时要求所有方向均为红灯的 Proteus 仿真效果如图 3-13 所示。

解除紧急情况，恢复正常，发送 0x02，仿真效果如图 3-14 所示。

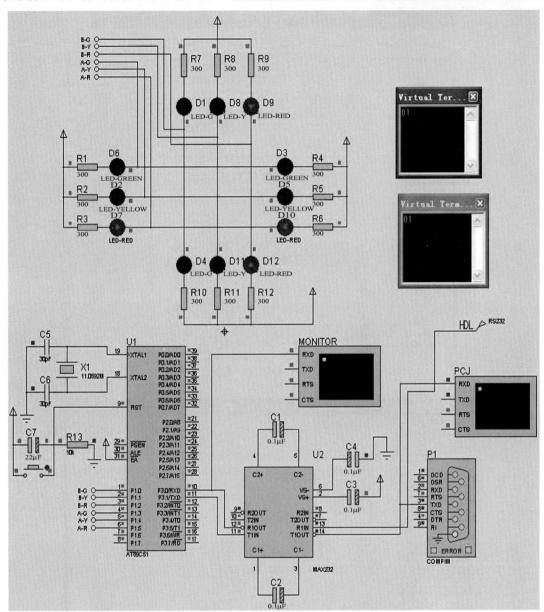

图 3-13　紧急情况时所有方向均为红灯的仿真效果

6. 举一反三

问：如果远程控制广告牌显示，该如何实现呢？

答：将图 3-5 所示电路修改成广告牌的电路，详细电路参考项目 5，同时将 ex8.c 中的 void traffic( ) 程序修改为项目 5 中的程序 ex5_1 即可。

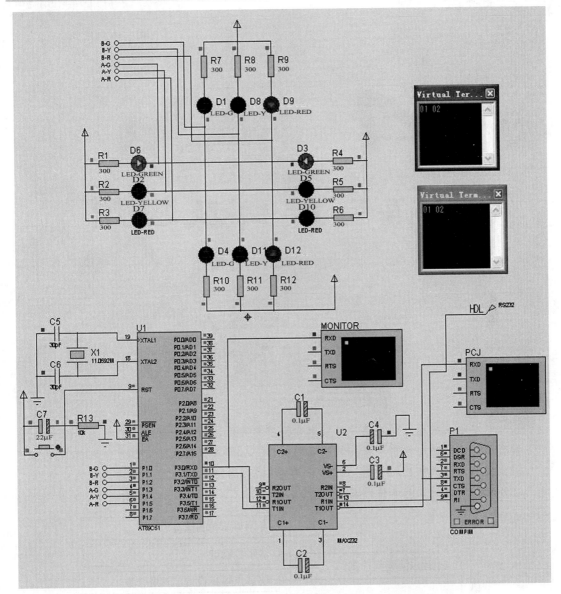

图 3-14 解除紧急情况，恢复正常交通指示灯状态时的仿真效果

项目小结

本项目涉及串行口与 PC 通信的基本原理，项目进一步训练了单片机定时/计数器的应用能力，通信协议的设置以及串行口与 PC 通信的编程与调试能力。

本项目的知识点如下：

◇ 交通灯控制系统；

◇ 串行口与 PC 通信；

◇ 串行口中断。

单元 4

语音接口及应用

    本单元主要通过介绍单片机发出音符演奏音乐，语音录放芯片的运用以及对带有语音识别功能的单片机控制项目的制作，从单片机接收语音信号，到控制外围驱动电路完成相应的动作，训练语音模块在单片机应用系统中的运用能力；训练开环控制系统的基本设计与调试能力。

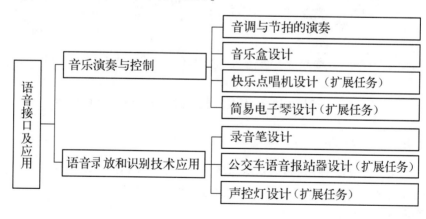

扫一扫看项目9音乐盒Proteus仿真录屏

项目9　音乐演奏与控制

训练任务	◇ 音调与节拍的演奏； ◇ 音乐盒设计：演奏一首动听的歌曲
知识详解	◇ 定时/计数器的原理及应用； ◇ 中断的原理及应用； ◇ 独立式键盘
学习要点	掌握定时/计数器的使用方法（任务9-1，任务9-2）； 掌握中断的使用方法（任务9-1，任务9-2）； 独立式按键的使用（扩展任务11，扩展任务12）
扩展任务	◇ 快乐点唱机设计； ◇ 简易电子琴设计
建议学时	8

任务9-1　音调与节拍的演奏

扫一扫看简易音乐盒教学课件

扫一扫看简易音乐盒微课视频

1. 任务要求

如何让单片机控制的电路发出符合演奏要求的音符呢？如果做到按不同的键能根据音阶发出不同的声音，一个简单的电子演奏乐器就制作完成了；若预先将几首动听的歌曲以程序的形式保存在存储器中，再通过按键进行点播，利用单片机的 I/O 口外接一个发声器件，当程序运行时它能发出相应的声音，若配上一个美观的外壳，一个实用的音乐盒就制作完成了。

2. 跟我学——如何确定音调与节拍

这是一个受控对象与前面项目有所不同的系统。一般来说，单片机演奏音乐基本都是单音频率，它不包含相应幅度的谐波频率。也就是说，不能像电子琴那样能奏出多种音色的声音。因此单片机奏乐只需弄清楚两个概念即可，也就是"音调"和"节拍"，表示一个音符唱多长的时间。

📖**小知识**

问：什么是音阶和音调？怎样才能让单片机控制电路发出不同的音阶和音调？

答：音阶就是人们通常唱出的 1、2、3、4、5、6、7（do-re-mi-fa-so-la-si），它是 7 个频率之间满足某种数学关系由低到高排列的自然音，一旦确定某一个音如 1（do）的频率，其他音的频率也就确定了，若由 12 个音组成，还可产生半音阶；而音调是指声音的高低，由声音的频率来决定，确定某一个音如 1（do）的频率，就确定了音调。通过改变单片机输出脉冲高低电平的保持时间和频率就可以得到音阶和调节不同的音调。

问：什么是节拍？

答： 节拍是控制一个音符输出的时间，它可是反映一首乐曲节奏特征最重要标志。例如，1 拍、2 拍、1/2 拍、1/4 拍等。要准确地演奏出一首曲子，必须要准确地控制乐曲的节奏，即每一音符的持续时间。例如，一首曲子的节奏为每分钟 94 拍，那么一拍就为 $60/94 = 0.64$ s，即一个一拍音符要唱 0.64s，我们可设置一个 0.64s 的定时器，定时时间一到就换下一个音符。

3. 动手做1——画出硬件电路图

硬件方面相对比较简单，只要将前面项目中单片机点亮的发光二极管换成可以发声的扬声器即可。为获得更大的音频输出功率，可以考虑在 P1.0 引脚与发声器件之间连接一个功放电路。电路如图 4-1 所示，由 P1.0 引脚控制一个 LM386 功率放大器，经功率放大器控制发声器件——蜂鸣器。当 P1.0 引脚输出为低电平时，功率放大器导通，蜂鸣器得电；当 P1.0 引脚输出为高电平时，功率放大器截止，蜂鸣器断电。通过连续不断周期性地改变 P1.0 引脚的高、低电平，就会产生一定频率的矩形波，蜂鸣器就能发出一定频率的声音，若再配合延时程序控制高、低电平的持续时间，就能改变音调。

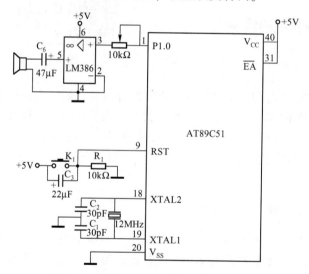

图 4-1　单片机演奏音乐硬件电路示意图

本任务所用器件如表 4-1 所示。

表 4-1　单片机演奏音乐电路器件清单

元件名称	参　数	数量	元件名称	参　数	数量
IC 插座	DIP40	1	功放	LM386	1
单片机	AT89C51	1	蜂鸣器	无源式	1
晶体振荡器	12MHz	1	电阻	10kΩ	2
瓷片电容	30pF	2	电解电容	47μF	1
按键		1	电解电容	22μF	1
IC 插座	DIP8	1			

4. 动手做2——编写演奏音调和节拍的程序

软件方面是通过编程产生一个频率可以根据需要变化的脉冲信号，以获得不同的音调与节拍。

1）确定音调

不同音高的乐音是用 do、re、mi、fa、so、la、si 来表示的，它们一般依次唱成，即唱成简谱的 1、2、3、4、5、6、7，相当于汉字"多来米发梭拉西"的读音，这是唱曲时乐音的发音，所以叫做"音调"（Tone）。把 do、re、mi、fa、so、la、si 这一组音的距离分成 12 个等份，每一个等份叫一个"半音"。两个音之间的距离有两个"半音"，就叫做"全音"。在钢琴等键盘乐器上，do-re、re-me、fa-so、so-la、la-si 两音之间隔着一个黑键，它们之间的距离就是全音；mi-fa、si-do 两音之间没有黑键相隔，它们之间的距离就是半音。通常唱成 1、2、3、4、5、6、7 的音叫做自然音，那些在它们的左上角加上 # 号或者 b 号的叫做变化音。# 叫做升记号，表示在原来的音基础上升高半音。b 叫做降记号，表示在原来的音基础上降低半音。例如，高音 do 的频率（1046Hz）刚好是中音 do 的频率（523Hz）的两倍，中音 do 的频率（523Hz）刚好是低音 do 的频率（262Hz）的两倍；同样，高音 re 的频率（1175Hz）大概是中音 re 的频率（587Hz）的两倍，中音 re 的频率（587Hz）大概是低音 re 的频率（294 Hz）的两倍。

（1）要产生音频脉冲，只要算出某一音频的周期（1/频率），利用定时器计时半个周期时间，每当计时溢出就将输出脉冲的电平反相，然后重复计时此半周期时间再对脉冲的电平反相，就可在 I/O 脚上得到此频率的脉冲。

（2）利用 AT89C51 的内部定时器 T0 使其工作在计数模式的方式 1 下，改变计数值 TH0 及 TL0 以产生不同频率。

此外，结束符和休止符可以分别用代码 0x00 和 0xff 来表示，若查表结果为 0x00，则表示曲子终了；若查表结果为 0xff，则产生相应的停顿效果。

（3）例如，频率为 523Hz，其周期 $T = 1/523 = 1912\mu s$，因此只要令计数器计时 $956\mu s/1\mu s = 956$，在每次计数 956 次时将脉冲的电平反相，就可得到中音 do（523Hz）。

计数脉冲值与频率的关系公式如下：

$$N = F_i \div 2 \div F_r$$

式中　N——计算值；

　　　F_i——采用 12MHz 的晶振则内部计时一次为 $1\mu s$，故其频率为 1MHz；

　　　F_r——该音调对应的频率。

（4）其计数初值的求法如下：

$$T = 65\,536 - N = 65\,536 - F_i \div 2 \div F_r$$

> 📖**小知识**
>
> 定时器使用的步骤如下：
>
> ① 先初始化，包括 TMOD 工作方式寄存器、定时器初值（包括 TH 和 TL 两个计数值寄存器）、开定时器；
>
> ② 查询或中断方式等待溢出；

扫一扫看中断允许及中断优先级微课视频

扫一扫看中断允许及中断优先级教学课件

③ 重新赋初值。

中断使用的步骤如下：

① 中断初始化，包括外部中断的触发方式；

② 开中断，包括总中断和使用的分中断；

③ 设置中断的优先级；

④ 编写中断服务子程序，包括保护现场和恢复现场。

扫一扫看51单片机中断处理过程教学课件

扫一扫看51单片机中断处理过程微课视频

扫一扫看中断源及中断标志位教学课件

📄 小问答

问：单片机采用 12MHz 的晶振，求低音 do（262Hz）、中音 do（523Hz）、高音的 do（1046Hz）的计数值？

答：低音 do 的 $T = 65\,536 - 1\,000\,000 \div 2 \div 262 = 63\,628$

　　中音 do 的 $T = 65\,536 - 1\,000\,000 \div 2 \div 523 = 64\,580$

　　高音 do 的 $T = 65\,536 - 1\,000\,000 \div 2 \div 1046 = 65\,058$

扫一扫看中断源及中断标志位微课视频

扫一扫看定时中断应用实例（秒表）教学课件

（5）C 调各音符频率与计数脉冲值的对照表如表 4-2 所示。

表 4-2　C 调各音符频率与计数脉冲值 T 的对照表

低音	频率	脉冲	T 值	中音	频率	脉冲	T 值	高音	频率	脉冲	T 值
do	262	1908	0xf88c	do	523	956	0xfc44	do	1046	478	0xfe22
do #	277	1805	0xf8f3	do #	554	902	0xfc7a	do #	1109	450	0xfe3e
re	294	1700	0xf95c	re	587	851	0xfcad	re	1175	425	0xfe57
re #	311	1607	0xf9b9	re #	622	803	0xfcdd	re #	1245	401	0xfe6f
mi	330	1515	0xfa15	mi	659	758	0xfd0a	mi	1318	379	0xfe85
fa	349	1432	0xfa68	fa	698	716	0xfd34	fa	1397	357	0xfe9b
fa #	370	1351	0xfab9	fa #	740	675	0xfd5d	fa #	1480	337	0xfeaf
so	392	1275	0xfb05	so	784	637	0xfd83	so	1568	318	0xfec2
so #	415	1204	0xfb4c	so #	831	601	0xfda7	so #	1661	301	0xfed3
la	440	1136	0xfb90	la	880	568	0xfdc8	la	1760	284	0xfee4
la #	464	1077	0xfbcb	la #	932	536	0xfde8	la #	1865	268	0xfef4
si	494	1012	0xfc0c	si	988	506	0xfe06	si	1976	253	0xff03

扫一扫看定时中断应用实例（秒表）微课视频

2）确定一个音调的节拍

若要构成音乐，光有音调是不够的，还需要节拍，让音乐具有旋律（固定的律动），而且可以调节各个音的快慢度。"节拍"，即 Beat，简单地说就是打拍子，就像我们听音乐不由自主地随之拍手或踏脚。若 1 拍为 0.5s，则 1/4 拍为 0.125s。至于 1 拍多少秒，并没有严格规定，就像人的心跳一样，大部分人的心跳是每分钟 72 下，有些人快一点，有些人慢一点，只要听着悦耳就好。音持续时间的长短即时值，一般用拍数表示。休止符表示暂停发音。

一首音乐是由许多不同的音符组成的，而每个音符对应不同的频率，这样就可以利用不同频率的组合，加以与拍数对应的延时，构成音乐。了解音乐的一些基础知识，可知产生不同频率的音频脉冲即能产生音乐。对于单片机来说，产生不同频率的脉冲是非常方便的，利用单片机的定时/计数器来产生这样的方波频率信号。因此，需要弄清楚音乐中的音符和对应的频率，以及单片机定时计数的关系。

表 4-3 所示为节拍数与节拍码的对照。如果 1 拍为 0.4s，1/4 拍则为 0.1s，只要设定延迟时间就可求得节拍的时间。假设 1/4 拍为 1 个 DELAY，则 1 拍应为 4 个 DELAY，以此类推。所以只要求得 1/4 拍的 DELAY 时间，其余的节拍就是它的倍数。

表 4-3　节拍数与节拍码对照

节拍码	节 拍 数	节拍码	节 拍 数
1	1/4 拍	6	1 又 1/2 拍
2	2/4 拍	8	2 拍
3	3/4 拍	A	2 又 1/2 拍
4	1 拍	c	3 拍
5	1 又 1/4 拍	F	3 又 3/4 拍

3）编码

在给每个音符编码时，使用 1 个字节，字节的高 4 位代表音符的高低，低 4 位代表音符的节拍，中音的 do、re、mi、fa、so、la、si 分别编码为 1～7，高音 do 编为 8，高音 re 编为 9，停顿编为 0。播放长度以 1/4 拍为单位（在本程序中即 1/4 拍=165ms），一拍即等于 4 个 1/4 拍，编为 4，其他的播放时间以此类推。音调作为编码的高 4 位，而播放时间作为低 4 位，如此音调和节拍就构成了一个编码。以 0xff 作为曲谱的结束标志。

举例 1：音调 do，发音长度为两拍，将其编码为 0x18。

举例 2：音调 re，发音长度为半拍，将其编码为 0x22。

歌曲播放的设计：先将歌曲的简谱进行编码，储存在一个数据类型为 unsigned char 的数组中。程序从数组中取出一个数，然后分离出高 4 位得到音调，接着找出相应的值赋给定时器 0，使之定时操作蜂鸣器，得出相应的音调；接着分离出该数的低 4 位，得到延时时间，再调用软件延时。

下面的程序演奏的是中音 do～si 及高音 do 共 8 个音调，按顺序中音 do 演奏 1/4 拍，中音 re 演奏 1/2 拍，中音 mi 演奏 3/4 拍，中音 fa 演奏 1 拍，中音 so 演奏 1 又 1/4 拍，中音 la 演奏 1 又 1/2 拍，中音 si 演奏 1 又 3/4 拍，高音 do 演奏 2 拍。简单音调和节拍的演奏的程序如下：

```
//程序:ex9_1.c
//功能:简单音调和节拍的演奏程序
#include <reg51.h>
#define uchar unsigned char
#define uint    unsigned int
sbit fm=P1^0;                //蜂鸣器输出的 IO 口
uchar timeh,timel,i;         //timeh,timel 为定时器高低 4 位,i 为演奏音符个数
//————简谱————
//1～7 代表中音 do～si,8 代表高音 do
```

扫一扫看简单音调和节拍的演奏程序

```
uchar code yinyue[ ] = {0x11,0x22,0x33,0x44,0x55,0x66,0x77,0x88,0xff};
//————简谱音调对应的定时器初值————
uchar code cuzhi[ ] = { 0xff,0xff,                    //占位符
0xfc,0x44,0xfc,0xad,0xfd,0x0a,0xfd,0x34,0xfd,0x83,0xfd,0xc8,0xfe,0x06,
                                                     //中音 do～si 的 T 计数初值
0xfe,0x22};                                          //高音 do 的 T 计数初值
void delay1ms(unsigned int ms);                      //延时 ms 毫秒子程序
void delay165ms(uint z);                             //延时 165ms，即 1/4 拍子程序
void song( );                                        //演奏子程序
main( )
{
EA = 1;                                              //开总中断
ET0 = 1;                                             //开定时器 T0
TMOD = 0x01;                                         //定时器 T0 工作在方式 1
TH0 = 0;
TL0 = 0;
TR0 = 1;
while(1)
    {
    song( );
    delay1ms(1000);
    }
}
void timer0( ) interrupt 1                           //定时器 T0 溢出中断子程序用于产生各种音调
{
TH0 = timeh;
TL0 = timel;
fm = ～fm;                                           //产生方波
}
void song( )
{
uint temp;
uchar jp;                                            //jp 是简谱 1～8 的变量
i = 0;
while(1)
{    temp = yinyue[i];
    if(temp = = 0xff) break;                         //到曲终则跳出循环
    jp = temp/16;                                    //取数的高 4 位作为音调
    if(jp != 0)
    {
    timeh = cuzhi[jp * 2];                           //取 T 的高 4 位值
    timel = cuzhi[jp * 2+1];                         //取 T 的低 4 位值
    }
```

```
        else
        {
        TR0=0;
        fm=1;                                    //关蜂鸣器
        }
        delay165ms(temp%16);                      //取数的低4位作为节拍
        TR0=0;                                    //唱完一个音停10ms
        fm=1;
        delay1ms(10);
        TR0=1;
        i++;
    }
    TR0=0;
    fm=1;
}
//函数名:delay165ms
//函数功能:采用软件实现延时约 z×165ms
//形式参数:无
//返回值:无
void delay165ms(uint z)                          //延时 165ms,即1/4拍
{uint x;
for(x=0;x<z;x++)
    delay1ms(165);
}
//函数名:delay1ms
//函数功能:采用软件实现延时约 ms×1ms
//形式参数:无
//返回值:无
void delay1ms(unsigned int ms)
{ unsigned int  i,j;
  for(i=0;i<ms;i++)
  for(j=0;j<110;j++);
}
```

编译链接过程参见项目 1 中的任务,将源程序 ex9_1.c 生成目标代码文件 ex9_1.hex。

---

5. 动手做3——Proteus 仿真

从 Proteus 中选取如下元器件:
(1) AT89C51,单片机;
(2) RES,电阻;
(3) CAP、CAP-ELEC,电容、电解电容;

（4）POT-LOG，电位器；

（5）LM386，功放；

（6）SPEAKER，扬声器。

放置元器件、电源和地，设置参数，连线，最后进行电气规则检查，将目标代码文件 ex9_1.hex 加载到 AT89C51 单片机中，电路仿真效果如图 4-2 所示。

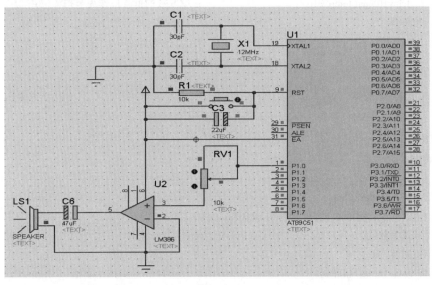

图 4-2　单片机演奏简单音调和节拍的 Proteus 仿真电路

6. 举一反三

问：如果要改变演奏的音符及节奏，例如，改成反转过来按顺序演奏，高音 do 演奏 1 个单位时长（即 1/4 拍），中音 si 演奏 2 个单位时长，中音 la 演奏 3 个单位时长……中音 do 演奏 8 个单位时长，程序将如何实现呢？

答：电路很显然是不需要改变的，只需要将程序 ex9_1.c 中的简谱数组的定义修改一下，改为 uchar code yinyue[]={0x81, 0x72, 0x63, 0x54, 0x45, 0x36, 0x27, 0x18, 0xff}；即可。编译加载，可以听到符合要求的音乐演奏声。

7. 任务小结

本任务采用单片机的一个 I/O 引脚输出不同频率的脉冲控制扬声器发出声音，根据脉宽调节不同的音调，根据各音调脉冲的时长调节该音调的节拍，应熟练掌握单片机内部定时/计数器和中断资源的应用。

任务 9-2　音乐盒设计

1. 任务要求

在任务 9-1 中，学习了如何用单片机演奏简单的音调和节拍，如果想要演奏出一首完整的乐曲，设计出一个音乐盒，那么又应该怎么做呢？

单元 4　语音接口及应用

2. 动手做1——画出硬件电路图

硬件电路不需要改变，因此电路图见图4-1，元器件清单见表4-1。

3. 动手做2——编写音乐盒的程序

在任务9-1中，用单片机可以演奏简单的音调和节拍，对于每一个音符来说重要的就是根据音调和节拍编出相应的乐曲编码。

在本任务中，需要演奏一首完整的乐曲，很显然和任务9-1相比，需要改变的是整个乐曲的音符的编码这个数组，以及为了编出音符编码所需要扩展的音调的定时器的初值这个数组。

以乐曲《千年之恋》为例，首先要根据该乐曲的乐谱转化为该乐曲的简谱编码，例如，乐曲的前奏前五个音符为：中音 do 为 1/2 拍，中音 re 为 1/2 拍，中音 mi 为 1 拍，高音 do 为 1 拍，中音 si 为 1 拍，则编码为"0x12，0x22，0x34，0x84，0x74"，以此类推，可以编出整个乐曲完整的简谱编码；从乐曲中可以看到整个乐曲需要中音 do ~ si 和高音 do ~ si，所以简谱音调对应的定时器初值数组需要根据表4-2扩展。

用单片机演奏一首完整的歌曲《千年之恋》的程序如下：

扫一扫
看音乐
盒程序

```c
//程序:ex9_2.c
//功能:音乐盒程序
#include <reg51.h>
#define uchar unsigned char
#define uint   unsigned int
sbit fm=P1^0;                    //蜂鸣器连续的 IO 引脚
uchar timeh,timel,i;             //timeh,timel 为定时器高低4位,i 为演奏音符个数
//———《千年之恋》简谱———
//1~7 代表中音 do~si,8~E 代表高音 do~si
uchar code qnzl[ ]={
0x12,0x22,0x34,0x84,0x74,0x54,0x38,0x42,0x32,0x22,0x42,0x34,0x84,0x72,0x82,0x94,0xA8,
0x08,                                        //前奏
0x32,0x31,0x21,0x32,0x52,0x32,0x31,0x21,0x32,0x62,
                                //竹林的灯火 到过的沙漠
0x32,0x31,0x21,0x32,0x82,0x71,0x81,0x71,0x51,0x32,0x22,
                                //七色的国度 不断飘逸风中
0x32,0x31,0x21,0x32,0x52,0x32,0x31,0x21,0x32,0x62,
                                //有一种神秘 灰色的旋涡
0x32,0x31,0x21,0x32,0x83,0x82,0x71,0x72,0x02,
                                //将我卷入了迷雾中
0x63,0xA1,0xA2,0x62,0x92,0x82,0x52,
                                //看不清的双手
0x31,0x51,0x63,0x51,0x63,0x51,0x63,0x51,0x62,0x82,0x7C,0x02,
                                //一朵花传来谁经过的温柔
0x61,0x71,0x82,0x71,0x62,0xA2,0x71,0x76,     //穿越千年的伤痛
```

125

```
0x61,0x71,0x82,0x71,0x62,0x52,0x31,0x36,            //只为求一个结果
0x61,0x71,0x82,0x71,0x62,0xA3,0x73,0x62,0x53,       //你留下的轮廓 指引我
0x42,0x63,0x83,0x83,0x91,0x91,                      //黑夜中不寂寞
0x61,0x71,0x82,0x71,0x62,0x0A2,0x71,0x76,           //穿越千年的哀愁
0x61,0x71,0x82,0x71,0x62,0x52,0x31,0x36,            //是你在尽头等我
0x61,0x71,0x82,0x71,0x62,0xA3,0x73,0x62,0x53,       //最美丽的感动 会值得
0x42,0x82,0x88,0x02,0x74,0x93,0x89,0xff};           //用一生守候,最后结束标志
//———简谱音调对应的定时器初值———
uchar code cuzhi[ ]={ 0xff,0xff,                    //占位符
0xfc,0x44,0xfc,0xad,0xfd,0x0a,0xfd,0x34,0xfd,0x83,0xfd,0xc8,0xfe,0x06,
                                                    //中音 do～si 的 T 计数初值
0xfe,0x22,0xfe,0x57,0xfe,0x85,0xfe,0x9b,0xfe,0xc2,0xfe,0xe4,0xff,0x03};
                                                    //高音 do～si 的 T 计数初值
void delay1ms(unsigned int ms);                     //延时 ms 毫秒子程序
void delay165ms(uint z);                            //延时 165ms,即 1/4 拍子程序
void song();                                        //演奏子程序
main()
{
EA=1;                                               //开总中断
ET0=1;                                              //开定时器 T0
TMOD=0x01;                                          //定时器 T0 工作在方式 1
TH0=0;
TL0=0;
TR0=1;
while(1)
    {
    song();
    delay1ms(1000);
    }
}
void timer0() interrupt 1                            //定时器 T0 溢出中断子程序用于产生各种音调
{
TH0=timeh;
TL0=timel;
fm=～fm;                                             //产生方波
}
void song()
{
uint temp;
uchar jp;                                            //jp 是简谱 1～8 的变量
i=0;
while(1)
{   temp=qnzl[i];
```

```
if( temp = = 0xff) break;              //到曲终则跳出循环
jp = temp/16;                          //取数的高 4 位作为音调
if( jp! = 0)
{
timeh = cuzhi[ jp * 2];                //取 T 的高 4 位值
timel = cuzhi[ jp * 2+1];              //取 T 的低 4 位值
}
else
{
   TR0 = 0;
   fm = 1;                             //关蜂鸣器
}
delay165ms( temp%16);                  //取数的低 4 位作为节拍
TR0 = 0;                               //唱完一个音停 10 ms
fm = 1;
delay1ms( 10);
TR0 = 1;
i++;
}
TR0 = 0;
fm = 1;
}
void delay165ms( uint z)               //省略,延时 165 ms,即 1/4 拍,参见本项目任务 9-1 程序 ex9_1. c
void delay1ms( unsigned int ms)        //省略,延时 1 ms 函数参见本项目中任务 9-1 程序 ex9_1. c
```

4. 动手做 3——Proteus 仿真

从 Proteus 中选取如下元器件:

(1) AT89C51,单片机;

(2) RES,电阻;

(3) CAP、CAP-ELEC,电容、电解电容;

(4) POT-LOG,电位器;

(5) LM386,功放;

(6) SPEAKER,扬声器。

放置元器件、电源和地,设置参数,连线,最后进行电气规则检查,将目标代码文件 ex9_1. hex 加载到 AT89C51 单片机中,电路仿真效果如图 4-3 所示。

5. 举一反三

问:如果要演奏其他歌曲,怎么修改程序?

答:只需要根据该乐曲的乐谱修改简谱编码即可。

编译加载,观察结果。

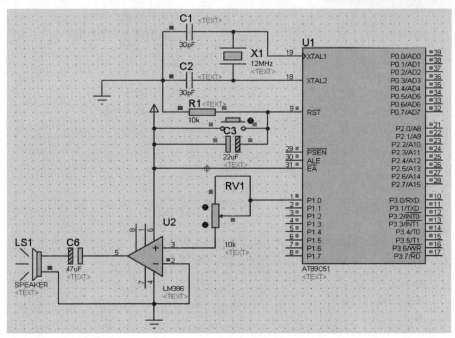

图 4-3　单片机控制的音乐盒的 Proteus 仿真电路

6. 任务小结

本任务采用单片机演奏了一首完整的乐曲，实现了音乐盒的设计。应熟练掌握乐曲简谱编码的方法，以及单片机内部定时/计数器和中断的设计与应用。

扫一扫看扩展任务11快乐点唱机设计　　扫一扫看快乐点唱机程序　　扫一扫看扩展任务12简易电子琴设计　　扫一扫看简易的电子琴程序

项目小结

　　本项目涉及单片机与扬声器的接口设计，并介绍了怎样利用单片机的定时/计数器和中断功能产生不同的音调和节拍。项目从产生简单的音调与节拍任务出发，层层深入，逐步进阶，进而演奏出一首完整的歌曲，再通过独立式按键的引入进阶到快乐点唱机、简易电子琴等扩展任务。项目训练了单片机内部的定时/计数器和中断资源的编程与调试能力，以及独立式按键的编程与调试能力。

　　本项目的知识点如下：

　　（1）定时/计数器；

　　（2）中断资源；

　　（3）独立式按键。

项目 10　语音录放和识别技术应用

训练任务	录音笔设计
知识详解	◇ ISD1110 系列语音芯片单段语音录放原理及实现； ◇ ISD1700 系列语音芯片多段语音录放及分段播放原理与实现； ◇ 语音识别模块的使用
学习要点	掌握语音芯片的工作原理及合理选型； 掌握 ISD1110 系列语音芯片独立按键模式的使用； 熟练掌握 ISD1700 系列语音芯片分段播放原理及实现； 语音识别模块与单片机连接及软件编程
扩展任务	公交车语音报站器设计：单片机控制语音芯片实现指定段号语音的播放； 声控灯设计：通过语音"左灯"、"右灯"、"前灯"或"后灯"，控制 4 盏灯分别亮
建议学时	9

任务 10-1　录音笔设计

1. 任务要求

将单片机和语音芯片结合起来做一个简易的录音笔，用两个独立按钮控制录入、播放操作。若按下录入按钮，则录音；若按下播放按钮，则可将录入的声音播放出来。

2. 跟我学——语音芯片选择

传统的语音芯片是将声音转化为模拟电信号，经过模数转换器 ADC 将其转换为数字信号，然后再存储在固态存储器中。播放声音时，还需要将存储器中的数字信号转换为模拟信号，再经过扬声器播放出来。这种语音芯片存在很多缺点，如外围电路复杂，与单片机连接困难，而且所播放的声音质量较差。

现在市面上的语音芯片很多，但总体来说有两种类型：一种是一次性录入语音电路，包括 OTP 系列和 MASK 系列，适用于语音内容一次性录入后不再修改的情况；另一种是可重复录入语音电路，包括 ISD 系列和 APR 系列，适用于语音内容需经常修改的情况。根据复读机的功能要求，这里选择后者。

ISD 系列和 APR 系列语音录放电路都能根据使用要求随时录放，掉电后语音内容不会丢失，有 10 s～16 min 各种不同时长芯片供选择。其中，ISD4000 和 APR6000 系列的语音录放芯片可利用单片机通过 SPI 接口进行控制，其录放音时间更长。这里选择性价比较高的语音芯片 ISD1110。

ISD1110 为 10 秒 80 段录放电路，可采用键控录放；单一 +5 V 供电；录放操作结束后，芯片自动进入低功耗节电模式，功耗仅 $0.5\,\mu\text{A}$；可以最小段长为单位任意组合分段；片内信息可保存近百年，能反复录音十万次。单片机只需要通过两个控制端及少量电阻、电容和麦克风、喇叭即可构成在单片机控制下的语音录放应用电路。

ISD1110 的引脚如图 4-4 所示。

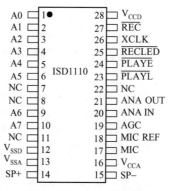

图 4-4　ISD1110 引脚

各引脚功能如表4-4所示。

表 4-4　ISD1110 引脚功能

引　脚	功　　能
V_{CCA}/V_{CCD}	模拟/数字电源
V_{SSA}/V_{SSD}	模拟/数字地
$\overline{REC}$	录音控制端，低电平开始录音
$\overline{PLAYE}$	边沿触发放音控制端，此端出现下降沿时，芯片开始放音
$\overline{PLAYL}$	电平触发放音控制端，此端出现低电平时，芯片开始放音
$\overline{RECLED}$	录音指示端，录音状态时输出低电平
MIC	话筒输入端，接片内前置放大器
MIC REF	话筒参考输入端，接前置放大器反向输入
AGC	自动增益控制端，动态调节音量，使失真保持最小
ANA IN	模拟输入端，芯片录音输入信号
ANA OUT	模拟输出端，前置放大器输出
SP+、SP-	喇叭输出端，能驱动 16Ω 以上的喇叭
XCLK	外部时钟端，若用内部时钟，将该端接地
A0 ～ A7	地址线，控制操作模式，当 A7 = A6 = 1 时，不分段；否则，作为当前录放操作的起始地址，在$\overline{PLAYE}$、$\overline{PLAYL}$、$\overline{REC}$下降沿被锁存

3. 动手做 1——画出硬件电路图

这里采用单段录放音，语音芯片 ISD1110 的 A0 ～ A7 接高电平，用单片机的 P2.4 控制语音芯片的$\overline{REC}$录音控制端，P2.5 控制语音芯片的$\overline{PLAYL}$电平触发放音控制端；P1.0、P1.1 接两个独立式按键分别控制录音和放音；按下录音按键，自动录音；按下放音按键，把录好的声音播放出来。录音笔电路如图 4-5 所示。

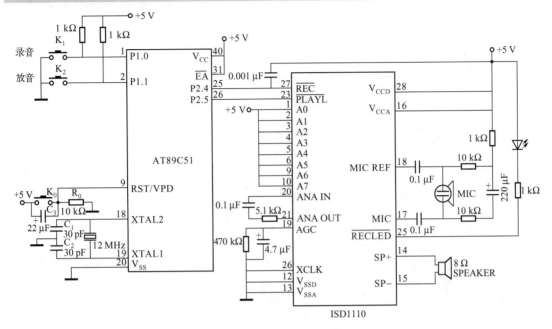

图 4-5 录音笔硬件电路图

录音笔电路器件清单如表 4-5 所示。

表 4-5 录音笔电路器件清单

元件名称	参数	数量	元件名称	参数	数量
IC 插座	DIP40、DIP28	1	电阻	10 kΩ	3
单片机	AT89C51	1	电解电容	22 μF	1
晶体振荡器	12 MHz	1	按键		3
瓷片电容	30 pF	2	电解电容	220 μF	1
语音芯片	ISD1110	1	电阻	1 kΩ	4
电阻	5.1 kΩ	1	瓷片电容	0.1 μF	3
电阻	470 kΩ	1	瓷片电容	0.001 μF	1
电解电容	4.7 μF	1	扬声器	2 W/8 Ω	1
麦克风		1			

4. 动手做 2——编写录音笔的程序

程序流程如图 4-6 所示。

语音录音笔控制程序如下：

```
//程序:ex10_1.c
//功能:实现录音笔的录放功能
#include "reg51.h"
#define REC_KEY      P1_0
#define PLAY_KEY     P1_1
#define REC          P2_4
#define PLAYL        P2_5
```

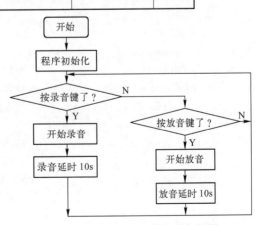

图 4-6 语音录音笔控制程序框图

```
    void strec();                    //录音函数声明
    void stplay();                   //放音函数声明
    void delay10s();                 //10 s 延时函数声明
    void main(void)
    {
        REC=1;                       //关录音
        PLAYL=1;                     //关放音
        P2=0xff;
        While(1)
        {
        if(P1_0==0)strec();          //判断录音键是否按下,按下调用录音子函数
        if(P1_1==0)stplay();         //判断放音键是否按下,按下调用放音子函数
        }
    //函数名:strec
    //函数功能:录音
    //形式参数:无
    //返回值:无
    void strec()
        {REC=0;                      //开始录音
        delay10s();
        REC=1;}                      //录音结束
    //函数名:stplay
    //函数功能:放音
    //形式参数:无
    //返回值:无
    void stplay()
        { PLAYL =0;                  //开始放音
        delay10s();
        PLAYL=1;}                    //放音结束
    //函数名:delay10s
    //函数功能:采用定时器 1、工作方式 1 实现 10 s 延时,晶振频率 12 MHz
    //形式参数:无
    //返回值:无
    void delay10s()
    {  unsigned char i;
        TMOD=0x10;                   //设置定时器 1 工作于方式 1
        for(i=0;i<200;i++)           //设置 200 次循环次数
        { TH1=0x3c;                  //设置定时器初值为 3CB0H
        TL1=0xb0;
        TR1=1;                       //启动 T1
        while(!TF1);                 //查询计数是否溢出,即定时 50 ms 时间到,TF1=1
        TF1=0;                       //50 ms 定时时间到,将 T1 溢出标志位 TF1 清零

        }
    }
```

编译链接过程参见项目 1 中任务，将源程序 ex10_1.c 生成目标代码文件 ex10_1.hex。

5. 动手做 3——软硬件联调

（1）将目标代码文件 ex10_1.hex 下载至 AT89C51 芯片中。

（2）脱机运行。

（3）调试和纠错，连续运行程序后，按下录音键，录入 10s 的语音信号，再按下放音键，播放该语音信号。

6. 任务小结

本任务通过 ISD1110 语音芯片的单段录音、放音设计来了解和掌握 ISD1110 系列语音芯片的应用，学会用单片机对外围电路进行控制。

项目小结

本项目涉及 ISD1700 系列语音芯片的基本原理，从最简单的单段语音录放到多段语音录放及分段播放的实现。项目进一步训练了单片机 I/O 口的应用能力和函数定义，以及调用、循环程序结构的编程与调试能力。

该项目扩展任务涉及语音转换技术与语音模块的应用技术，通过声控灯实验，使操作者初步掌握运用现有的各种功能模块进行采集与处理的基本方法，为利用各种现有的功能模块开发单片机应用产品奠定了基础。

本项目的知识点如下：

（1）ISD1110 系列语音芯片单段语音录放原理及实现；

（2）ISD1700 系列语音芯片多段语音录放原理及分段播放实现；

（3）函数定义及调用；

（4）语音识别模块的使用。

单元5

常用传感器接口及应用

本单元主要介绍51单片机控制的常用传感器接口及应用，通过对常用传感器的使用，启发和引导根据项目要求，对有待完成的应用系统进行分析和设计；通过对外围芯片进行选型和使用、合理运用单片机内部资源、实现单片机与外围电路之间的接口设计来训练知识与技能运用的综合能力。

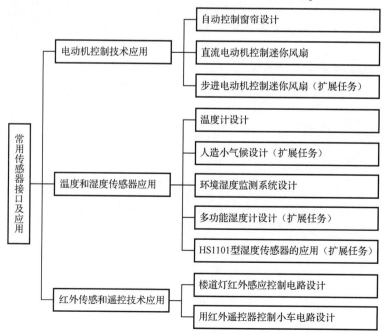

常用传感器接口及应用
- 电动机控制技术应用
  - 自动控制窗帘设计
  - 直流电动机控制迷你风扇
  - 步进电动机控制迷你风扇（扩展任务）
- 温度和湿度传感器应用
  - 温度计设计
  - 人造小气候设计（扩展任务）
  - 环境湿度监测系统设计
  - 多功能湿度计设计（扩展任务）
  - HS1101型湿度传感器的应用（扩展任务）
- 红外传感和遥控技术应用
  - 楼道灯红外感应控制电路设计
  - 用红外遥控器控制小车电路设计

在已经掌握运用单片机完成一些简单项目制作技能的基础上，下面再通过一些比较实用的综合制作项目训练单片机的综合应用能力。以简单实用的制作项目为背景，从做什么、怎么做、如何能做得更好这种进阶形式，启发和引导如何根据项目要求，对有待完成的应用系统进行分析和设计，如何实现单片机与外围电路之间的接口设计来训练知识与技能运用的综合能力。

项目 11　电动机控制技术应用

扫一扫看电机控制技术制作应用项目教学课件

训练任务	◇ 自动控制窗帘设计； ◇ 直流电动机控制迷你风扇
知识详解	◇ 直流电动机、交流电动机的工作原理
学习要点	学习直流电动机的工作原理，利用 PWM 脉冲控制直流电动机的转动速度； 学会步进电动机的工作原理和控制方式，掌握一些简单的控制电路和基本的电动机基础知识
扩展任务	步进电动机控制迷你风扇
建议学时	6

任务 11-1　自动控制窗帘设计

扫一扫看自动控制窗帘设计微课视频

1. 任务要求

设计一个电路，实现以下功能：

（1）天亮时，该电路自动控制电动机使窗帘卷起或拉开。

（2）天黑时，该电路自动控制电动机使窗帘落下或拉拢。

（3）要求设置两个手动按钮，一个控制窗帘卷起，一个控制窗帘落下，此时的操作不受光控影响。

2. 怎么做？

采用光敏电阻模拟白天和黑夜，用电动机来控制窗帘的卷起和落下。

3. 跟我学 1——光敏电阻

光敏传感器是最常见的传感器之一，它的种类繁多，主要有光电管、光敏电阻、光敏三极管、红外线传感器、紫外线传感器、光纤式光电传感器等。最简单的光敏传感器就是光敏电阻。

光敏电阻的工作原理是基于内光电效应。光敏电阻在黑暗的环境里，其电阻值很高，当受到光照时，只要光子能量大于半导体材料的禁带宽度，则价带中的电子吸收一个光子的能量后可跃迁到导带，并在价带中产生一个带正电荷的空穴，这种由光照产生的电子-空穴对，增加了半导体材料中载流子的数目，使其电阻率变小，从而造成光敏电阻值下降。光照越强，阻值越低。当入射光消失后，由光子激发产生的电子-空穴对将复合，光敏电阻的阻值也就恢复原值。在光敏电阻两端的金属电极上加上电压，其中便有电流通过，受到波长的光线照射时，电流会随着光强而变大，从而实现光电转换。光敏电阻没有极性，纯粹是一个电阻元件，使用时可加直流电压，也可使用交流电压。光敏电阻的特性是光照强，电阻值小；光照弱，电阻值大。

4. 跟我学2——认识直流电动机及其常用 H 型桥式驱动

常用的电动机有交流电动机、直流电动机和步进电动机，本项目只是驱动电动机转动窗帘，用小功率直流电动机即可满足要求。直流电动机外形如图 5-1 所示。

先来看直流电动机是如何转动的。举个例子：手里拿着一节电池，用导线将直流电动机和电池两端对接，电动机就转动了；如果把电池极性反过来，电动机也反着转了。按这个规律，用单片机 I/O 口驱动直流电动机时，只要直接在对应的控制 I/O 口输出高低电平，电动机就能正转和反转。但是由于单片机的 I/O 端口驱动能力有限，所以往往不能提供足够大的功率去驱动电动机，必须要外加驱动电路。常用的驱动电路有 H 桥驱动电路，驱动直流电动机只要用一组 H 桥电路，而驱动步进电动机需要同时使用两组 H 桥驱动电路。

如图 5-2 所示为一个典型的直流电动机控制电路，电路得名于 "H 桥驱动电路" 是因为它的形状酷似字母 H。4 个三极管组成 H 的 4 条垂直腿，而电动机就是 H 中的横杠（注意：图 5-1 及随后的两个图都只是示意图，而不是完整的电路图）。H 桥式电动机驱动电路包括4 个三极管和一个电动机。要使电动机运转，必须导通对角线上的一对三极管。根据不同三极管对的导通情况，电流可能会从左至右或从右至左流过电动机，从而控制电动机的转向。

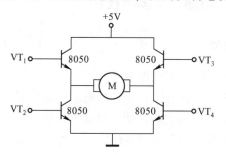

图 5-1　直流电动机　　　　　　　图 5-2　H 桥电动机驱动电路

要使电动机运转，必须使对角线上的一对三极管导通。例如，如图 5-3 所示，当 VT₁ 和 VT₄ 导通时，电流就从电源正极经 VT₁ 从左至右穿过电动机，然后再经 VT₄ 回到电源负极。按图中电流箭头所示，该流向的电流将驱动电动机顺时针转动。当三极管 VT₁ 和 VT₄ 导通时，电流将从左至右流过电动机，从而驱动电动机按特定方向转动（电动机周围的箭头指示为顺时针方向）。

图 5-4 所示为另一对三极管 VT₂ 和 VT₃ 导通的情况，电流将从右至左流过电动机，从而驱动电动机沿另一方向转动（电动机周围的箭头表示为逆时针方向）。

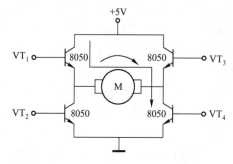

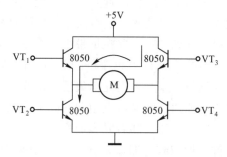

图 5-3　H 桥电路驱动电动机顺时针转动　　　图 5-4　H 桥电路驱动电动机逆时针转动

5. 跟我学 3——PWM 脉宽调制

随着大规模集成电路的不断发展，很多单片机都有内置 PWM 模块，因此，单片机的 PWM 控制技术可以用内置 PWM 模块实现，也可以用单片机的软件模拟实现，还可以通过控制外置硬件电路来实现。由于 51 单片机内部没有 PWM 模块，因此本设计采用软件模拟法，利用单片机的 I/O 引脚，通过软件对该引脚连续输出高、低电平来实现 PWM 波输出，这种方法简单实用，缺点是占用 CPU 的大量时间。本设计采用 PWM 技术，是一种周期一定而高低电平可调的方波信号。当输出脉冲的频率一定时，输出脉冲的占空比越大，其高电平持续的时间越长，如图 5-5 所示。

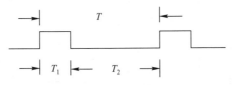

图 5-5　PWM 脉宽调制原理

图 5-5 中，高电平持续的时间为 T_1，低电平持续的时间为 T_2，只要改变 T_1 和 T_2 的值，则高低电平持续的时间也改变了，达到 PWM 脉宽调制的目的。

> 📖**小问答**
>
> **问**：在 PWM 脉宽调制中，什么是占空比（Duty Cycle）？
>
> **答**：PWM 脉宽调制中，正脉冲持续的时间与脉冲周期的比值，称为占空比。例如，在图 5-5 中，若周期 $T=4\mu s$，正脉冲持续的时间 $T_1=1\mu s$，则占空比为
>
> $$\frac{T_1}{T}=\frac{1}{4}=0.25$$

6. 动手做 1——画出硬件电路图

1）光敏电阻部分硬件电路设计

在硬件电路设计中，当光线较暗时（晚上）控制窗帘自动闭合；当光线较强（白天）时，控制窗帘自动打开。利用单片机 P0 口的 P0.0 引脚来控制，当光敏电阻阻值较大时（无光照），三极管饱和导通，P0.0 引脚为低电平；当光敏电阻阻值较小时（有光照），三极管截止，P0.0 引脚为高电平。因此，光敏电阻有光照和无光照，可以转换成检测 P0.0 引脚电平的高低来实现。

2）直流电动机部分硬件电路设计

直流电动机采用 H 桥式控制，若电动机正转，则表示窗帘自动闭合，反之表示窗帘自动打开。电动机的转速由单片机的 P3.0 和 P3.1 控制，P3.0 和 P3.1 产生两个 PWM 脉宽调制波，周期为 2s，高电平持续时间为 1s，占空比为 0.5，由单片机的定时器 T1 定时来实现，定时时间为 1s，工作方式 1，初始值设置为 50ms，循环 20 次。

自动窗帘整体电路设计如图 5-6 所示。

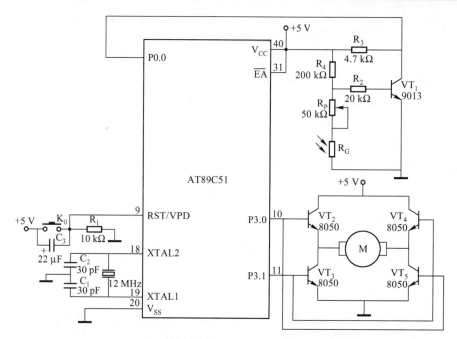

图 5-6　自动窗帘硬件电路图

自动窗帘所用器件如表 5-1 所示。

表 5-1　自动窗帘硬件电路设计器件清单

元 件 名 称	参　　　数	数量	元 件 名 称	参　　　数	数量
IC 插座	DIP40	1	电阻	10kΩ	1
单片机	AT89C51	1	电阻	4.7kΩ	1
晶体振荡器	12MHz	1	光敏电阻		1
电动机		1	电位器	50kΩ	1
三极管	8050/9013	4/1	电解电容	22μF	1
电阻	200kΩ	1	瓷片电容	30pF	2
电阻	20kΩ	1			

7. 动手做 2——自动窗帘控制的程序

下面来编写自动窗帘控制程序，先考虑 PWM 脉宽调制的子程序。

在 PWM 控制电机硬件电路设计中，已经提到 PWM 的产生方法：由单片机的定时器 T1 定时来实现，首先使单片机 T1 定时时间为 1 s，工作方式 1，初始值设置为 50 ms，循环 20 次，单片机 T1 定时 1 s 子函数参见项目 4 的 ex4_1.c 程序中的 delay1s 函数。

根据 PWM 脉宽调制原理可知，要产生占空比为 0.5 的调制波，首先使单片机 P3.0 引脚为高电平，定时时间 1 s，再使单片机 P3.1 引脚为低电平，定时时间为 1 s，即可产生。同时可以利用 for 循环语句，控制 PWM 脉宽调制波形的时间。其子函数如下：

```
void pwm1(    )
{
    unsigned char i;                      //定义无符号字符型变量 i
    for(i=0;i<10;i++)                     //设窗帘打开的时间为 20 s
        { down=0;                         //确保窗帘不闭合
          up=1;                           //产生 PWM 脉宽调制波形
          delay1s(  );
          up=0;
          delay1s(  );
        }
    up=0;
}
```

自动窗帘控制总程序如下所示：

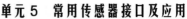

```
//程序:ex13_1.c
//功能:自动窗帘设计程序
#include<reg51.h>
sbit flag=P0^0;
sbit up=P3^0;
sbit down=P3^1;
unsigned char t0;
unsigned int k;
void delay1s(   );
void pwm1(   );
void pwm2(   );
void main(   )
{
  while(1)                               //不断检测
    {
    if(flag==0)                          //若 P0.0=0,表示晚上,窗帘闭合
      { pwm1(   );                       //调用 PWM 波形控制电动机转速
        for(k=0;k<50;k++)                //窗帘闭合时间到,电动机停止
        delay1s(   );  }
      else                               //若 P0.0=1,表示白天,窗帘打开
        { pwm2(   );                     //调用 PWM 波形控制电动机转速
          for(k=0;k<50;k++)              //窗帘打开时间到,电动机停止
          delay1s(   );}
    }
}
//函数名:pwm1
//函数功能:窗帘闭合
//形式参数:无
//返回值:无
```

```
void pwm1(   )
{
    unsigned char i;                    //定义无符号字符型变量i
    for(i=0;i<10;i++)                   //设窗帘打开的时间为20 s
      {
        down=0;                         //确保窗帘不闭合
        up=1;                           //产生PWM脉宽调制波形
        delay1s( );
        up=0;
        delay1s( );
      }
        up=0;
}
//函数名:pwm2
//函数功能:窗帘打开
//形式参数:无
//返回值:无
void pwm2(   )
{
    unsigned char j;                    //定义无符号字符型变量i
    for(j=0;j<10;j++)                   //设窗帘闭合时间为20 s
      {
        up=0;                           //确保窗帘不打开
        down=1;                         //产生PWM脉宽调制波形
        delay1s( );
        down=0;
        delay1s( );
      }
        down=0;
}
void delay1s( )                         //省略,参见项目4中程序ex4_1.c
```

编译链接过程参见项目1中任务，将源程序 ex13_1.c 生成目标代码文件 ex13_1.hex。

8. 动手做3——Proteus 仿真

从 Proteus 中选取如下元器件：

（1）AT89C51，单片机；

（2）RES，电阻；

（3）CAP、CAP-ELEC，电容、电解电容；

（4）MOTOR，电动机；

（5）CRYSTAL，晶振；

（6）BUTTON，按键；

（7）2N5550，三极管；

（8）TORCH-LDR，光敏电阻；

（9）POT-HG，电位器。

放置元器件、电源和地，设置参数，连线，最后进行电气规则检查，将目标代码文件 ex13_1.hex 加载到 AT89C51 单片机中，电路仿真效果如图 5-7 所示。

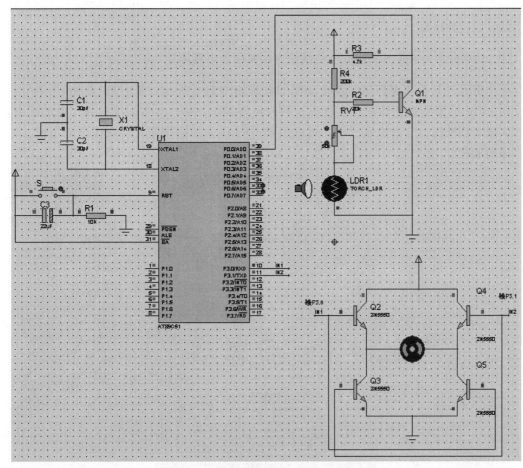

图 5-7　自动窗帘控制的 Proteus 仿真电路

9. 举一反三

问： 如果要求改变电动机的转速，该如何修改程序？

答： 只需要修改单片机定时器 T1 的定时时间即可，改变 T1 的定时时间，则 pwm 1（）子程序中的脉宽调制波的占空比会改变，从而控制电动机的转速。

10. 任务小结

本任务采用光敏电阻来模拟白天和黑夜两种状态，利用单片机 P0.0 引脚来检测，同时利用 PWM 脉宽调制技术，控制电动机的正转和反转，模拟窗帘的拉开和闭合。本任务要求掌握 PWM 脉宽调制技术原理和编程技术，并进一步熟悉单片机定时器的实用方法。

任务 11-2　直流电动机控制迷你风扇

1. 任务要求

电动机的使用我们经常碰到，像风扇、小车、各式玩具等用到转动装置的地方，都有电动机的身影。本项目制作一个用单片机控制直流电动机运转，带动电动机转轴上的风扇叶子转动的一台迷你风扇。

2. 动手做 1——画出单片机控制直流电动机硬件电路图

单片机通过 H 桥电路控制直流电动机的电路如图 5-8 所示。其中 P1.0 和 P1.1 是正向和反向 PWM 信号模拟输出端，P3.2 为正转或反转按钮，第一次按下该按钮，电动机正转，第二次按下该按钮，电动机则反转，以此类推。P3.3 为加速按钮，不断按下该按钮，电动机将逐渐加速。

扫一扫看电动机控制迷你风扇微课视频

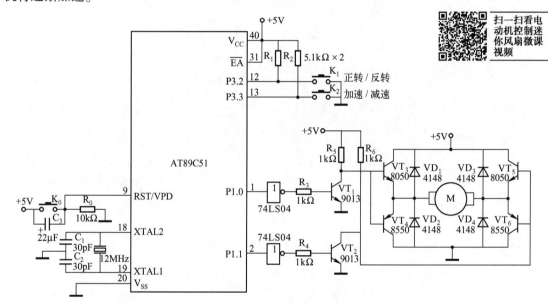

图 5-8　直流电动机控制的迷你风扇电路图

电路器件清单如表 5-2 所示。

表 5-2　电路器件清单

元 件 名 称	参　　数	数量	元 件 名 称	参　　数	数量
IC 插座	DIP40	1	直流电动机	HY37JB363	1
单片机	AT89C51	1	步进电动机	86BYG102	1
晶体振荡器	12MHz	1	按键		3
电解电容	22μF	1	电阻	10kΩ	1
电阻	1kΩ	4	电阻	5.1kΩ	2
瓷片电容	30pF	2	非门	74LS04	1
三极管	9013	2	三极管	8050	2
三极管	8550	2	二极管	1N4148	4

3. 动手做 2——编写单片机控制直流电动机程序

电路图画好了，下面开始编写控制直流电动机转动的程序，控制程序三个中断。第一个中断为外部中断 0，对应引脚 P3.2，控制正反转，按奇数次，则正转，按偶数次，则反转；第二个中断为外部中断 1，其对应引脚 P3.3 控制加速与否，每按一次，外部中断 1 服务子程序就置 flag2＝1，主程序中 PWMH 就增加；第三个中断为定时器 T0 中断，定时器 T0 工作在模式 1，依初值不同，每隔一段时间自动进入一次，每进入一次定时器 T0 中断，中断服务子程序先判断正转还是反转，然后从对应引脚 P1.0（正转）或 P1.1（反转）输出一个所需 PWM 脉冲，COUNTER 加 1。下次是否输出一个脉冲，视 PWMH 的值而定，如果 COUNTER 小于 PWMH，则再输出一个 PWM，当 COUNTER 等于 PWMH 时，则当前这次定时器中断不输出脉冲。

直流电动机控制迷你风扇程序如下：

```
//程序:ex13_2.c
//功能:本程序主要实现迷你风扇的直流电动机加速/减速、正转/反转
#include<reg51.h>
#include <stdio.h>
bit flag;                        //正转/反转标志位
bit flag1;                       //进入外部中断 0 标志
bit flag2;                       //加速标志位
sbit ZDJA = P1^0;
sbit ZDJB = P1^1;
unsigned char PWMH;              //高电平脉冲的个数
unsigned char PWM;              //PWM 周期
unsigned char COUNTER;          //进入定时器 T0 中断的次数
unsigned char number;           //P3.2 正反转按键次数
void main( )
{
    unsigned int i;
    flag     = 0;               //变量初始化
    flag1    = 0;
    flag2    = 0;
    PWMH     = 0x00;
    PWM      = 0x30;
    COUNTER = 0x01;
    number   = 0x01;
    P1       = 0xff;
    TMOD = 0x01;               //定时器 T0 在模式 1 下工作
    ET0      = 1;               //使能定时器 T0 中断
    IT0      = 1;               //设置外部中断 0 为边沿触发中断
    IT1      = 1;               //设置外部中断 1 为边沿触发中断
    EX0      = 1;               //使能外部中断 0
    EX1      = 1;               //使能外部中断 1
```

```
        EA    = 1;                          //使能总中断
        TR0   = 1;
        ZDJA  = 0;
        ZDJB  = 0;
        while( 1 )
        {
            if( flag1 = = 1 )
            {
                flag1 = 0;
                for( i = 1000; i>0; i-- );       //延时去抖动
                while( !INT0 );                  //等待按键弹起来
                for( i = 5000; i>0; i-- );       //延时去抖动
                while( !INT0 );                  //等待按键弹起来
                number++;
                if( number = = 3 )
                {
                    number = 1;
                }
                if( number % 2 = = 0 )
                {
                    flag = 0;                    //按下第二次键标志
                }
                if( number % 2 = = 1 )
                {
                    flag = 1;                    //按下第一次键标志
                }
                IE0 = 0;                         //清除中断标志
                EA = 1;                          //开总中断
            }
            if( flag2 = = 1 )
            {
                flag2 = 0;
                for( i = 1000; i>0; i-- );       //延时去抖动
                while( !INT1 );                  //等待按键弹起来
                for( i = 5000; i>0; i-- );       //延时去抖动
                while( !INT1 );                  //等待按键弹起来

                PWMH++;                          //PWM 波高电平时间增长
                PWMH++;                          //PWM 波高电平时间增长
                PWMH++;                          //PWM 波高电平时间增长
                if( PWMH = = PWM )
                {
                    PWMH = 0x00;
                }
```

```
        IE1 = 0;                          //清除中断标志
        EA  = 1;                          //开总中断
      }
    }
}
//函数名：Exter0( )
//函数功能：通过 P3.2 引脚控制,产生中断,通过外部中断 0 控制电动机正转/反转标志
//形式参数：无
//返回值：无
void Exter0( ) interrupt 0
{
    flag1 = 1;
    EA  = 0;
}


//函数名：Exter1( )
//函数功能：通过 P3.3 引脚控制,产生中断,通过外部中断 1 控制电动机加速
//形式参数：无
//返回值：无
void Exter1( ) interrupt 2
{
    flag2 = 1;
    EA  = 0;
}
//函数名：Time0( )
//函数功能：通过 P3.3 引脚控制,产生中断,使用定时器产生 PWM 波,控制电动机的转速
//形式参数：无
//返回值：无
void Time0( ) interrupt 1
{
    TL0 = 0x00;                          //定时器初值
    TH0 = 0xff;
    COUNTER++;                           //计数值加 1
    if( COUNTER<PWMH)                    //如果计数值小于高电平脉冲数
    {
        if( flag = = 1)
        {
            ZDJB = 0;
            ZDJA = 1;                    //电动机正转
        }
        if( flag = = 0)
        {
            ZDJA = 0;
            ZDJB = 1;                    //电动机反转
```

```
        }
    }
    if( COUNTER = = PWMH)                    //如果计数值等于高电平脉冲数
    {
        ZDJA = 0;
        ZDJB = 0;
    }
    if( COUNTER = = PWM)
    {
        COUNTER = 0x01;                      //计数器复位
    }
}
```

4. 动手做 3——Proteus 仿真

从 Proteus 中选取如下元器件：

（1）AT89C51，单片机；

（2）RES，电阻；

（3）BUTTON，按键；

（4）PN4249，PNP 型三极管；

（5）PN4275，NPN 型三极管；

（6）MOTOR，直流电动机；

（7）NOT，非门。

放置元器件、电源和地，设置参数，连线，最后进行电气规则检查，将目标代码文件 ex13_2. hex 加载到 AT89C51 单片机中，电路仿真效果如图 5-9 所示。

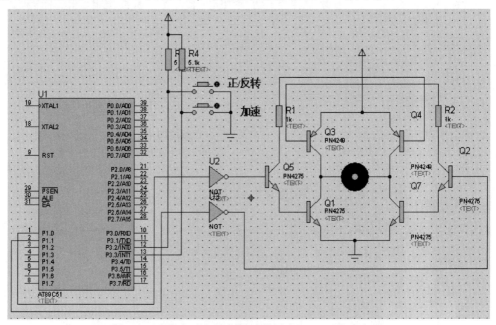

图 5-9　直流电动机控制的迷你风扇 Proteus 仿真电路

5. 任务小结

本任务采用定时器中断的方式，使单片机 P1.0 和 P1.1 引脚分别输出直流电动机正转/反转所需的 PWM 脉冲，从而实现迷你风扇的正转/反转，同时，通过两个外部中断（外部中断 0 和外部中断 1），实现了电动机正反转切换及转速的控制。

扫一扫看扩展任务15步进电动机控制迷你风扇

> **项目小结**
>
> 该项目涉及直流电动机和步进电动机控制、驱动电路及单片机接口的应用技术。通过选择电动机，查阅步进电动机驱动电路应用资料，单片机与直流电动机、步进电动机驱动电路的硬件连接设计和编程训练，为操作者完成带有运动控制功能的综合项目制作奠定了基础。
>
> 本项目的知识点如下：
> (1) 直流电动机应用技术；
> (2) 步进电动机应用技术。

项目12 温度和湿度传感器应用

训练任务	温度计设计； 环境湿度监测系统设计
知识详解	◇温度传感器 DS18B20 的应用； ◇单总线的协议规范和应用方法； ◇湿度传感器 HSU-07 的应用； ◇A/D 转换； ◇数据处理； ◇HS1101 湿度传感器的应用
学习要点	◇掌握温度传感器 DS18B20 的应用； ◇巩固数码管的动态显示； ◇熟练掌握单总线的协议规范和应用方法； ◇掌握湿度传感器 HSU-07 的应用； ◇熟练掌握 A/D 转换； ◇掌握 HS1101 湿度传感器的应用
扩展任务	人造小气候设计； 多功能湿度计设计； HS1101 型湿度传感器的应用
建议学时	12

任务 12-1 温度计设计

1. 任务要求

利用单片机 AT89C51 作为控制器，用改进型智能温度传感器 DS18B20 作为温度采集器，设计一款数字温度计，可以显示环境的温度，并可以测量人体的温度。

2. 跟我学——单总线的协议规范和应用方法

温度检测电路采用 DALLAS 公司生产的 1-Wire 接口数字温度传感器 DS18B20，如图 5-10

所示，它采用 3 引脚 TO-92 封装，温度测量范围为 -55～+125 ℃，编程设置 9～12 位分辨率。现场温度直接以 1-Wire 的数字方式传输，大大提高了系统的抗干扰性。MCU 只需要一根端口线就能与多个 DS18B20 通信，但需要接 4.7 kΩ 的上拉电阻。该芯片硬件接口简单，可节省大量的引线和逻辑电路，具有很好的通用性。系统中将单片机的 P1.7 引脚与 DS18B20 的数据线连接。

DS18B20 采用一条数据线实现数据双向传输的 1-Wire 单总线协议方式，该协议定义了三种通信时序：初始化时序、读时序和写时序。而 AT89C51 单片机在硬件上并不支持单总线协议，因此，必须采用软件方法模拟单总线的协议时序，来完成与 DS18B20 间的通信。

该协议所有时序都是将主机作为主设备，单总线器件作为从设备。每一次命令和数据的传输都是从主机主动启动写时序开始，如果要求单总线器件回送数据，在进行写命令后，主机需启动读时序完成数据接收。数据和命令的传输都是以低位在先的串行方式进行。

图 5-10　DS18B20 数字传感器示意图

根据 DS18B20 通信协议中初始化时序、写时序和读时序要求，分别编写与之对应的 3 个应用子函数，分别是 void init_ds18b20（void）初始化子函数、void writebyte（uchar）写字节子函数、uchar readbyte（void）读字节子函数。

📖小经验

DS18B20 是可编程器件，在使用时必须经过以下三个步骤：初始化、写字节操作和读字节操作。每一次读写操作之前都要先将 DS18B20 初始化复位，复位成功后才能对 DS18B20 进行预定的操作，三个步骤缺一不可。

对于比较复杂的可编程器件，为了方便用户编制应用程序，制造商会提供针对各种功能进行编程的时序图，使用者参照时序图中提供的顺序来编制程序，因此学会阅读时序图对正确编制应用程序将有很大帮助。

DS18B20 复位时序如图 5-11 所示。单片机先将 DQ 设置为低电平，延时至少 480 μs 后再将其变成高电平，即提供一个脉宽 480 μs<T<960 μs 的复位脉冲。等待 15～60 μs 后，检测 DQ 是否变为低电平（阴影部分），若已变为低电平，则表明复位成功，然后可进入下一步操作。否则可能器件不存在、器件损坏或其他故障。初始化流程如图 5-12 所示。

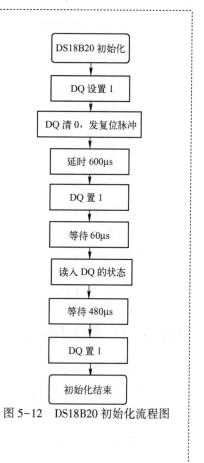

图 5-12　DS18B20 初始化流程图

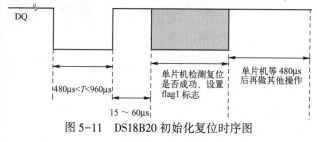

图 5-11　DS18B20 初始化复位时序图

📱**小技巧**

编程时只要严格按照时序图，按顺序和时间要求依次在 I/O 口输出相应的高低电平（或读入数据）即可。

DS18B20 写字节时序如图 5-13 所示。单片机要先将 DQ 设置为低电平，延时 15 μs 后，将待写的数据以串行形式送一位至 DQ 端，DS18B20 将在 60 μs<T<120 μs 时间内接收一位数据。发送完一位数据后，将 DQ 端的状态再拉回到高电平，并保持至少 1 μs 的恢复时间，即每写完一位串行数据后中间至少要有 1 μs 以上的恢复时间，然后再写下一位数据。写字节流程图如图 5-14 所示。

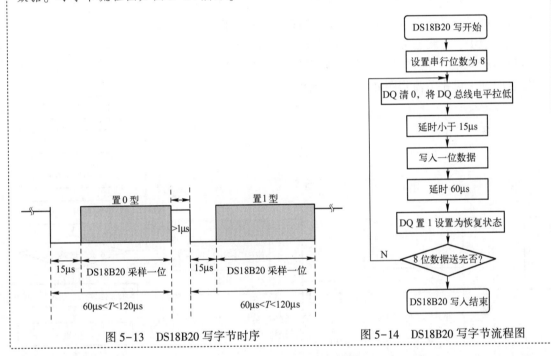

图 5-13　DS18B20 写字节时序

图 5-14　DS18B20 写字节流程图

📱**小资料**

DS18B20 温度传感器写入指令如表 5-3 所示。

表 5-3　DS18B20 温度传感器写入指令

指　　令	指令代码	操 作 说 明
温度转换命令	0x44	启动 DS18B20 进行温度转换
读温度值命令	0xbe	读暂存器中的温度值
写暂存器命令	0x4e	将数据写入暂存器的高八位 TH 和低八位 TL 中
复制暂存器命令	0x48	把暂存器 TH、TL 中的内容复制到 E^2RAM 中
重新调 E^2RAM 命令	0xb8	把 E^2RAM 中的内容重新写回到暂存器 TH、TL 字节中
读电源供电方式命令	0xb4	启动 DS18B20 发送电源供电方式信号给单片机
SKIPROM 操作命令	0xcc	跳过 ROM 匹配，跳过读序列号的操作，可节省操作时间

DS18B20 读字节时序如图 5-15 所示。当单片机准备从 DS18B20 温度传感器读取每一位数据时，应先发出启动读时序脉冲，即将 DQ 总线设置为低电平，保持 1μs 以上时间后，再将其设置为高电平。启动后等待 15μs，以便 DS18B20 能可靠地将温度数据送至 DQ 总线上，然后单片机再开始读取 DQ 总线上的结果，单片机在完成取数操作后，要等待至少 45μs。同样，读完每位数据后至少要保持 1μs 的恢复时间。读字节流程图如图 5-16 所示。

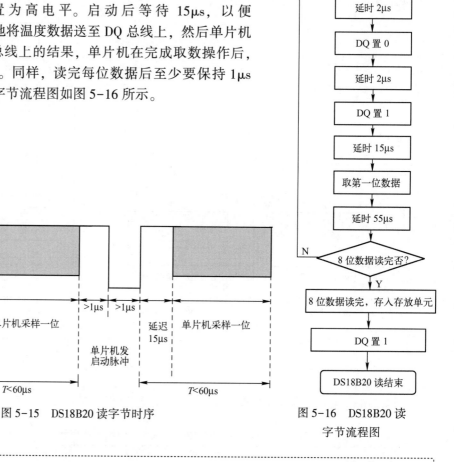

图 5-15　DS18B20 读字节时序

图 5-16　DS18B20 读
字节流程图

> 📖 **小知识**
>
> 　　DS18B20 温度传感器是一个直接数字化的温度传感器。可将−55 ～+125℃之间的温度值按 9 位、10 位、11 位和 12 位的分辨率进行量化，与之对应的温度增量单位值分别是 0.5℃、0.25℃、0.125℃和 0.0625℃。传感器上电后的默认值是 12 位的分辨率，当 DS18B20 接收到单片机发出的温度转换命令 0x44 后，便开始进行温度转换操作。
>
> 　　温度测量结果以二进制补码形式存放，如图 5-17 所示，分辨率为 12 位的测量结果用带 5 个符号位的 16 位二进制格式来表示，高低 8 位分别存储在两个 RAM 单元中，前面 5 位 S 代表符号位。

	bit7	bit6	bit5	bit4	bit3	bit2	bit1	bit0
LS Byte	2^3	2^2	2^1	2^0	2^{-1}	2^{-2}	2^{-3}	2^{-4}

	bit15	bit14	bit13	bit12	bit11	bit10	bit9	bit8
MS Byte	S	S	S	S	S	2^6	2^5	2^4

图 5-17　DS18B20 温度传感器的温度值格式

如果测得的温度大于 0，这 5 位符号位 S 为 0，只要将测得的数值乘以 0.0625 即可得到实际温度值；如果所测温度小于 0，这 5 位符号位 S 为 1，测得的数值必须要先取反加 1 再乘以 0.0625 才能得到实际温度值。例如，+125℃的数字输出为 0x07d0。如果不考虑小数部分的精度，只要将读到的 16 位温度值的最高四位和最低四位去掉，就能得到当前温度的整数值。例如，读到的 16 位温度值为 0x0191，将它的最高四位和最低四位去掉，就得到 0x19 = 25，正好是当前温度的整数值。

3. 动手做 1——画出硬件电路图

硬件电路原理图如图 5-18 所示。

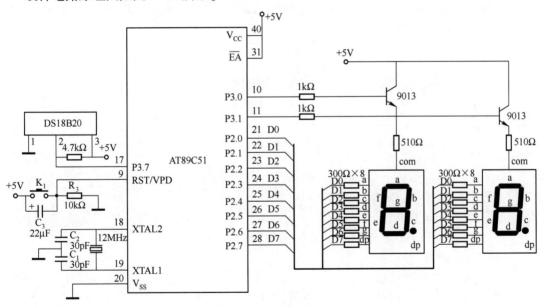

图 5-18　电路原理图

4. 动手做 2——数字温度计程序设计

程序如下：

扫一扫看数字温度计设计程序

//程序:ex14_1.c

//功能:数字温度计

```
#include "reg51.h"
#include "intrins.h"                    //包含内部函数头文件 intrins.h
#define uchar unsigned char
#define uint unsigned int
#define out P2
sbit smg1 = P3^1;                       //温度个位位选端
sbit smg2 = P3^0;                       //温度十位位选端
sbit DQ = P3^7;                         //温度采集
void delay5us(uchar n);                 //精确延时 n×5μs 子程序
void delay1ms(unsigned int ms);
void init_ds18b20(void);                //总线初始化复位
uchar readbyte(void);                   //读取一个字节
void writebyte(uchar);                  //写一个字节
uchar readtemp(void);                   //读取温度
unsigned char led[] = {0xc0,0xf9,0xa4,0xb0,0x99,0x92,0x82,0xf8,0x80,0x90};
                                        //共阳极数码管显示 0－9 字型码
void main(void)
{uchar i;
uchar temp;
temp = readtemp();                      //读取转换的温度
delay1ms(1000);
while(1)
    {
        temp = readtemp();              //读取转换的温度
    for(i = 0;i < 10;i++)               //连续扫描数码管 10 次
    {
        out = led[temp/10];             //显示温度十位
        smg1 = 0;
        smg2 = 1;
        delay5us(200);                  //延时 1ms
        out = 0xff;
        out = led[temp%10];             //显示温度个位
        smg1 = 1;
        smg2 = 0;
        delay5us(200);                  //延时 1ms
        out = 0xff;
    }
}
}
//函数名:delay5us
//函数功能:精确延时 5μs 子程序
//形式参数:延时时间参数 n,unsigned char 类型
//返回值:无
```

```c
void delay5us(unsigned char n)
{   do
    {
    _nop_();
    _nop_();
    _nop_();
    n--;
    }
    while(n);
}


//函数名:init_ds18b20
//函数功能:总线初始化复位
//形式参数:无
//返回值:无
void init_ds18b20(void)
{
    uchar x=0;
    DQ=1;
    delay5us(10);
    DQ=0;
    delay5us(120);            //低电平 480 — 960μs
    DQ=1;
    delay5us(16);             //等待 50 — 100μs
    x=DQ;
    delay5us(80);
    DQ=1;
    }
//函数名:readbyte
//函数功能:读取一个字节
//形式参数:无
//返回值:读取字节数据 date,unsigned char 类型
uchar readbyte(void)
{
    uchar i=0;
    uchar date=0;
    for(i=8;i>0;i--)
    {
        DQ=0;
        delay5us(1);
        DQ=1;                 //15μs 内拉释放总线
        date>>=1;
        if(DQ)
```

```
            date|=0x80;
            delay5us(11);            //读完需要 45μs 的等待
        }
        return(date);
}
//函数名:writebyte
//函数功能:写一个字节
//形式参数:写字节数据 dat,unsigned char 类型
//返回值:无
void writebyte(uchar dat)
{
 uchar i=0;
 for(i=8;i>0;i--)
    {
    DQ=0;
    DQ=dat&0x01;                     //写 1 在 15μs 内拉低
    delay5us(12);                    //写 0 拉低 60μs 等待写完
    DQ=1;                            //恢复高电平,至少保持 1μs
    dat>>=1;                         //下次写做准备,移位数据
    delay5us(5);                     //延时 25μs
    }
}
//函数名:readtemp
//函数功能:读取温度
//形式参数:无
//返回值:单字节的温度值 tt,unsigned char 类型

uchar readtemp(void)
{
    uchar templ,temph,tt;
    uint t;
    init_ds18b20();
    writebyte(0xcc);
    writebyte(0x44);                 //跳过 ROM 匹配,跳过读序列号的操作,可节省操作时间
    init_ds18b20();                  //开始操作前需要复位
    writebyte(0xcc);
    writebyte(0xbe);                 //读暂存器中的温度值
    templ=readbyte();                //分别读取温度的低、高字节
    temph=readbyte();
    t=temph;
    t<<=8;
    t=t|templ;
    tt=t*0.0625;                     //温度转换
```

```
        return( tt );
    }
    void delay1ms( unsigned int ms )
    //省略,延时 1 ms 函数参见项目 9 中任务 9-1 程序 ex9_1. c
```

编译链接过程参见项目 1 中任务, 将源程序 ex14_1. c 生成目标代码文件 ex14_1. hex。

📖 **小知识**

在 Keil 中, 对于单片机所使用的头文件, 除了 reg51. h、reg52. h 以外, 还有一些从各芯片制造商的官网下载的与 reg51. h、reg52. h 功能类似的头文件, 我们要对各类型单片机均可通用且相当有用的头文件的做相应的了解。因为内部所包含的函数与宏定义, 便于编写应用程序。经常用到的头文件有字符函数 ctype. h、数学函数 math. h、绝对地址访问 absacc. h、内部函数 intrins. h。本任务用到内部函数 intrins. h, 下面具体介绍它的使用。

Keil 中头文件 intrins. h 的作用:

_crol_字符循环左移

_cror_字符循环右移

_irol_整数循环左移

_iror_整数循环右移

_lrol_长整数循环左移

_lror_长整数循环右移

_nop_空操作 8051 NOP 指令

_testbit_测试并清零位 8051 JBC 指令

函数名: _nop_

原　型: void _nop_(void);

功　能: _nop_产生一个 NOP 指令, 该函数可用做 C 程序的时间比较。C51 编译器在 _nop_函数工作期间不产生函数调用, 即在程序中直接执行了 NOP 指令。

例如:

```
P( )= 1;
_nop_( );
P( )= 0;
```

---

5. 动手做 3——Proteus 仿真

从 Proteus 中选取如下元器件:

(1) AT89C51, 单片机;

(2) RES, 电阻;

(3) CAP、CAP-ELEC, 电容、电解电容;

(4) CRYSTAL, 晶振;

(5) BUTTON, 按键;

(6) 7SEG-MPX2-CA, 两个共阳极数码管;

（7）2N5551，NPN 三极管；

（8）DS18B20，温度传感器。

放置元器件、电源和地，设置参数，连线，最后进行电气规则检查，将目标代码文件 ex14_1.hex 加载到 AT89C51 单片机中，电路仿真效果如图 5-19 所示。

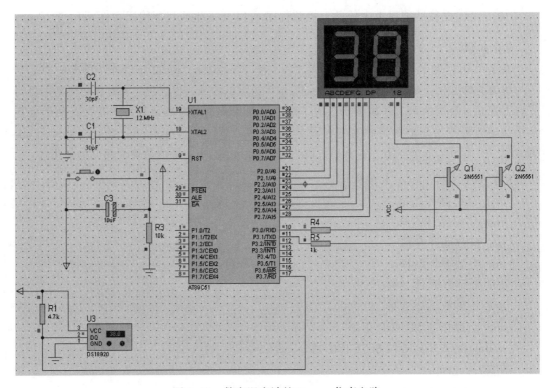

图 5-19　数字温度计的 Proteus 仿真电路

6. 任务小结

本任务通过单片机控制温度传感器 DS18B20 来设计一个数字温度计，进一步学习数码管的动态显示，掌握单总线的协议规范和应用方法。

任务 12-2　环境湿度监测系统设计

1. 任务要求

随着人们生活水平的提高，对各种场所的湿度关注度也越来越高。本任务利用单片机 AT89C51 作为控制器，设计一个环境湿度监测系统，可以随着时间和环境的变化设定理想的湿度，如果湿度超出设定的范围时，采用声光提示，并自动进行湿度调节，达到理想的状态。

2. 怎么做？

日常生活中可以用湿度计实时测试并直接指示结果，但湿度计测试出来的是模拟信号

量，单片机能接收的是数字信号量。因此，湿度计测试出的湿度，还需要经过 A/D 转换，将模拟信号转换为与其对应的二进制数字信号。所以在项目制作过程中，关键是如何选择能输出电信号的湿度传感器和配套的 A/D 转换电路。

3. 跟我学 1——湿度传感器 HSU-07 的使用

湿度传感器常用的有两大类：一类是常规的湿敏元件；另一类是集成湿度传感器。常规的湿敏元件主要有电阻式、电容式两种形式；集成湿度传感器可分为线性电压输出式、线性频率输出式和频率/湿度输出式三种。这里选择线性电压输出式的湿度传感模块 HSU-07，其湿度测量范围为 30%RH－90%RH，对应的电压输出为 0.8－2.8V，电源电压为+5V。由于 HSU-07 的输出电压较高且线性较好，因此，不需要放大和非线性校正操作可直接与 A/D 转换器连接，将模拟量转换成数字量。HSU-07 外形及引脚如图 5-20 所示。

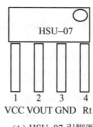

（a）HSU-07 外形图　　　　　　（b）HSU-07 引脚图

图 5-20　HSU-07 芯片

HSU-07 的输出信号是与湿度对应的模拟电压，且输出电压值还与当前的环境温度有关，湿度、温度、电压三者对应关系如表 5-4 所示。由表 5-4 可见，对于相同的湿度在不同温度时其所对应的输出电压有一定的误差，而本制作项目对湿度测量的精度要求不是很高，可忽略温度产生的影响，在项目设计中只参考 25℃时的电压输出。

表 5-4　湿度、温度、电压关系对照表　　　　　　　（单位：V）

相对湿度 /%RH	温　度								
	5℃	10℃	15℃	20℃	25℃	30℃	35℃	40℃	45℃
20	0.879	0.878	0.874	0.875	0.885	0.909	0.944	0.982	1.018
25	1.108	1.112	1.116	1.122	1.137	1.162	1.196	1.233	1.269
30	1.375	1.375	1.374	1.376	1.383	1.399	1.422	1.446	1.470
35	1.563	1.566	1.568	1.571	1.578	1.590	1.605	1.621	1.637
40	1.724	1.729	1.733	1.738	1.744	1.751	1.759	1.768	1.776
45	1.878	1.880	1.882	1.884	1.887	1.890	1.894	1.899	1.901
50	2.012	2.012	2.011	2.011	2.011	2.011	2.012	2.012	2.013
55	2.119	2.119	2.120	2.120	2.120	2.120	2.119	2.117	2.116

续表

相对湿度 /%RH	温 度								
	5℃	10℃	15℃	20℃	25℃	30℃	35℃	40℃	45℃
60	2.211	2.214	2.217	2.219	2.220	2.219	2.217	2.215	2.212
65	2.300	2.305	2.311	2.316	2.318	2.317	2.314	2.309	2.305
70	2.385	2.393	2.401	2.408	2.412	2.411	2.408	2.403	2.398
75	2.472	2.480	2.489	2.491	2.501	2.502	2.500	2.498	2.494
80	2.561	2.569	2.577	2.584	2.589	2.592	2.593	2.593	2.594
85	2.657	2.663	2.668	2.674	2.680	2.686	2.691	2.697	2.703
90	2.754	2.758	2.761	2.765	2.771	2.780	2.791	2.803	2.814

4. 跟我学2——A/D 转换 ADC0809 的使用

湿度传感器测量的湿度都是连续变化的模拟信号，而 AT89C51 单片机只能通过 I/O 口输入数字信号，无法直接处理连续变化的模拟电压。因此，在单片机的输入端口需增加一个专用的模数转换器件，也称为 A/D 转换器，其作用是把连续变化的模拟信号转换成数字信号，采用 8 位 A/D 转换器可将湿度传感器 HSU-07 监测到的湿度 30%RH ━ 90%RH 转换成与之对应的 8 位十六进制数 0x00 ━ 0xff，这种以十六进制数形式表示的湿度值可直接输入单片机中。

我们要设计的环境湿度监测系统，只有将当前的湿度值与预先设定的最高和最低湿度值进行比较，才能进行湿度的调节，那么怎样才能将采集的十六进制数据转换成相对湿度值呢？一般在处理数据时常用两种方法：一是计算法，预先建立计算模型，将测得的数据代入公式计算出对应结果；二是查表法，依据湿度、温度、电压关系对照表，用可调精密电压源替代传感器的输出电压，通过实验的方法逐一测出单片机采集的十六进制数与湿度间的对应关系，并以表格的形式存放在存储器中，如表 5-5 所示。然后用湿度传感器替代电压源，将测得的数据与表格中的十六进制数进行比较，并查出对应的相对湿度即是当前的实际湿度值。例如，单片机通过传感器测得的十六进制数为 0x7b，查表可得到相对湿度值为 70%RH。计算过程：(0x7b/0xff)×5V = 2.43V，查表得出相对湿度为 70%RH。同理，其他湿度值也可这样计算。

表 5-5 ADC0809 输出数据与湿度、温度之间的关系

相对湿度/%RH	电压源输出电压/V	单片机采集数据
30	1.383	0x47
40	1.744	0x59
50	2.011	0x66
60	2.220	0x70
70	2.412	0x7b

小资料

若要完成单片机与 ADC0809 芯片间的正确接线与编程，必须对芯片的功能和使用方法有所了解。

（1）功能概述：ADC0809 芯片为 8 通道模数转换器，可以和单片机直接接口，将 IN0—IN7 中任意一个通道输入的模拟电压转换为 8 位十六进制数，在时钟为 500kHz 时，一次变换时间约为 100μs。

（2）引脚详述：28 脚双列直插式封装如图 5-21 所示，各引脚作用如下：

IN0—IN7：8 路模拟量输入通道，电压表中选用 IN0通道。

ADDC、ADDB、ADDA：模拟通道选择地址线，可与单片机的 I/O 口相接，实现通道选择控制。在图 5-22 所示电路中，直接将 ADDC、ADDB、ADDA 接地，选通 IN0通道。

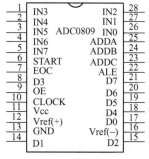

图 5-21　ADC0809 引脚图

CLOCK：外部时钟信号输入端，当晶振频率为 6MHz时，单片机的 ALE 信号经 D 触发器二分频，得 500kHz 时钟 CLOCK。

START：模/数转换启动信号。START 上升沿，所有内部寄存器清 0；START 下降沿，启动 A/D 转换；A/D 转换期间，START 应保持低电平。在图 5-22 所示电路中，由单片机 P3.4 引脚经反相器连接。

D7—D0：三态缓冲数据输出线。可直接与单片机数据线相连，在图 5-22 所示电路中是与单片机 P2 口相连的，从 P2 口读取转换结果。

EOC：ADC0809 自动发出的转换状态端。EOC＝0，表示正在进行转换；EOC＝1，表示转换结束。在图 5-22 所示电路中，该引脚经反相后与单片机的 P3.3 引脚相接，可采用查询或中断方式读取转换数据。

OE：转换数据允许输出控制端。OE＝0，表示禁止输出；OE＝1，表示允许输出。在图 5-22 所示电路中，由单片机的 P3.4 引脚经反相后进行控制。

单片机与 A/D 转换器接口工作过程：

① 启动 A/D 转换，在单片机 I/O 口提供上升沿，经反相后 START 引脚得到下降沿；

② 查询 EOC 引脚状态，EOC 引脚由 0 变 1，表示 A/D 转换过程结束；

③ 允许读数，将 OE 引脚设置为 1 状态；

④ 读取 A/D 转换结果，从单片机的 P2 口读取。

5. 动手做 1——画出硬件电路图

硬件电路如图 5-22 所示，这是由单片机、复位电路、晶振电路、电源电路、ADC0809组成的模数转换电路及湿度传感器电路。电路中，将 ADDC、ADDB、ADDA 接地，选通 IN0通道，模拟信号从 ADC0809 IN0（26）口输入，采用 P2 口读取 A/D 转换数据。

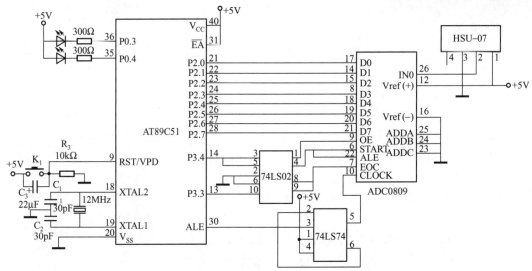

图 5-22　环境湿度监测电路图

环境温度监测系统器件清单如表 5-6 所示。

表 5-6　环境湿度监测系统器件清单

元 件 名 称	参　　数	数量	元 件 名 称	参　　数	数量
IC 插座	DIP40	1	按键		1
单片机	AT89C51 或 AT89S51	1	电阻	10kΩ	1
晶体振荡器	6MHz 或 12MHz	1	电解电容	22μF	1
瓷片电容	30pF	2	电阻	300Ω	2
IC 插座	DIP14	1	A/D 转换器	ADC0809	1
晶体振荡器	12MHz	1	双 D 触发器	74LS74	1
湿度传感器	HSU-07	1	或非门	74LS02	1
发光二极管	LED	2			

📃 **小问答**

问：电路中的芯片 74LS74 起到什么作用？

答：74LS74 是 D 触发器芯片，在这里将单片机输出的 ALE 进行二分频。

问：为什么单片机输出信号 ALE 经二分频后再送至 ADC0809 时钟端 CLOCK？

答：ALE 始终输出频率为外接晶振频率 1/6 的脉冲信号，当时钟频率为 6MHz 时，ALE 可输出 1MHz 的脉冲信号，而 ADC0809 在 CLOCK 为 500kHz 时，转换效果最佳。ALE 也作为单片机的地址锁存允许输出信号，当访问外部存储器时，ALE 用于低 8 位地址锁存控制信号。

6. 动手做 2——环境湿度监测程序设计

本程序主要包括两部分：主函数及 ADC0809 转换子函数。主函数进行湿度值的判断，调节达到最佳的湿度值 50%RH—70%RH 之间，当超过 70%RH 时，开排风扇（对应的模拟指示灯亮）；当小于 50%RH，开喷洒（对应的模拟指示灯亮）。子函数根据前面提到的单片机与 A/D 转换器接口工作过程来编写，转换结果为一个 8 位十六进制数，从 P2 口读取。

程序如下：

```
//程序:ex15_1.c
//功能:环境湿度监测,湿度测试与比较控制,当湿度值高于设定的最高限时,打开排风扇;当湿度
//值低于设定最低限时,喷洒水
#include "reg51.h"
void ADCON();
sbit P3_4=P3^4;          //位定义
sbit P3_3=P3^3;
sbit P0_3=P0^3;          //模拟排气扇
sbit P0_4=P0^4;          //模拟喷洒
 unsigned char i;
void main()
{unsigned char sd;
unsigned char low_sd=0x66,high_sd=0x7b;
//设定湿度的下限为 50%RH 和上限为 70%RH
P3_4=1;                              //初始化,允许输入
P3_3=1;
P0_3=0;                              //关闭排气扇
P0_4=0;                              //关闭喷洒
while(1)
  { ADCON();                         //调用 A/D 转换子函数 ADCON,读出湿度值
  sd=i;
  if(sd<low_sd){ P0_3=0;P0_4=1;}     //湿度低于下限,打开喷洒
    if(sd>high_sd){ P0_3=1;P0_4=0;}  //湿度高于上限,打开排气扇
    if((sd<=high_sd)&&(sd>=low_sd)){ P0_3=0;P0_4=0;}
                                     //湿度介于下限与上限之间
  }
}
//函数名:ADCON
//函数功能:读取 A/D 转换湿度值
//形式参数:无
//返回值:i
void ADCON()
{unsigned char a;

  P3_4=1;
  for(a=0;a<50;a++);   //延时
  P3_4=0;
  for(a=0;a<50;a++);   //延时
  P3_4=1;              //A/D 转换开始
```

```
    while(P3_3==0);        //等待转换完成
    P3_4=0;                //允许读数
    P2=0xFF;
        i=P2;              //读入 A/D 转换数据
}
```

编译链接过程参见项目 1 中任务，将源程序 ex15_1.c 生成目标代码文件 ex15_1.hex。

7. 动手做 3——调试并运行程序

将做好的硬件电路板和单片机开发系统连接好，进行以下操作：

（1）输入源程序。

（2）编译源程序。

（3）调试软硬件，排查错误。

（4）将调试好的程序 ex15_1.hex 下载至 AT89C51 芯片中，脱机运行，观察结果。

8. 任务小结

本任务通过单片机控制湿度传感器 HSU-07 设计了一个环境湿度监测系统，涉及 A/D 转换芯片在单片机应用系统中的接口技术，让读者对 A/D 转换芯片在单片机应用系统中的硬件接口技术与编程方法有所了解。

 扫一扫看扩展任务 16 人造小气候设计

扫一扫看人造小气候设计程序

 扫一扫看扩展任务 17 多功能湿度计设计

 扫一扫看 ADC0809 结构及引脚介绍教学课件

 扫一扫看 ADC0809 结构及引脚介绍微课视频

扫一扫看 ADC0809 应用教学课件

 扫一扫看 ADC0809 应用微课视频

扫一扫看 AD 概念教学课件

 扫一扫看 AD 概念微课视频

 扫一扫看扩展任务 18 HS1101 型湿度传感器的应用

项目小结

本项目通过温度显示及自动调节的制作，训练温度传感器在单片机应用系统中运用的能力；训练根据项目要求，选择器件、使用器件、构建程序结构的项目开发能力；掌握由简单到复杂，由复杂到简单的编程方法。为利用单片机实现各种闭环控制应用系统奠定基础。

本项目通过湿度显示及自动调节项目的制作，训练湿度传感器和 A/D 转换在单片机应用系统中运用的能力；训练根据项目要求，选择器件、使用器件、构建程序结构的项目开发能力；并初步熟悉模拟信号采集与输出数据显示的综合设计与调试方法。从信息采集到数据处理及信息显示到程序设计的整体思路与方法等不同方面都得到了训练，为今后应用单片机处理相关应用问题奠定了基础。

本项目的知识点如下：

（1）字符液晶显示；（2）HSU-07 湿度传感器；（3）A/D 转换；（4）HS1101 湿度传感器；（5）动态数码管显示；（6）DS18B20 温度传感器。

项目 13 红外传感和遥控技术应用

训练任务	楼道灯红外感应控制电路设计； 用红外遥控器控制小车电路设计；学会用单片机实现红外遥控信号发送与接收的一般方法
知识详解	◇红外传感器模块 BISS0001 的应用； ◇TC9148 应用； ◇TC9149 应用
学习要点	掌握红外传感器模块 BISS0001 的应用； 单片机控制红外遥控发送与接收的方法
建议学时	6

任务 13-1 楼道灯红外感应控制电路设计

1. 任务要求

在一些住宅楼和商业大厦的楼道都有感应灯，当人靠近感应灯附近 1 — 2 m 时，能通过感应自动将灯打开；当人离开后，灯又会自动关闭。本项目通过红外传感器模块 BISS0001 设计一个实用的楼道感应灯。

2. 怎么做?

在这个制作项目中有两个问题需要重点考虑：一是感应灯，这里用一个发光二极管 LED 来模拟，二是电器测量部分的设计与制作。这里重点是要解决有关电器测量部分的技术问题，包括确定测试人体接近的方法、器件及测试电路的制作。

测量人体接近某一物体有接触式和非接触式两种形式。接触式有触摸传感器、电容式传感器、指纹传感器等；非接触式有红外传感器、热释电红外传感器、微波传感器、超声传感器、电磁传感器、振动传感器、眼角膜识别传感器等。考虑到感应灯的使用功能及感应器件的特点，这里采用热释电红外传感器的应用模块，如图 5-23 所示。

模块有三个引脚，其中标有 "+" 端是正电源；标有 "−" 端是地；标有 OUT 端是输出引脚。当有人靠近时，输出 $U_{\text{OUT}} = 3$ V；当无人靠近时，输出 $U_{\text{OUT}} = 0$ V。电源工作电压为 DC 4.5 — 20 V；感应角度为 110°；静态电流小于 40 μA；感应距离为 1 — 5 m。

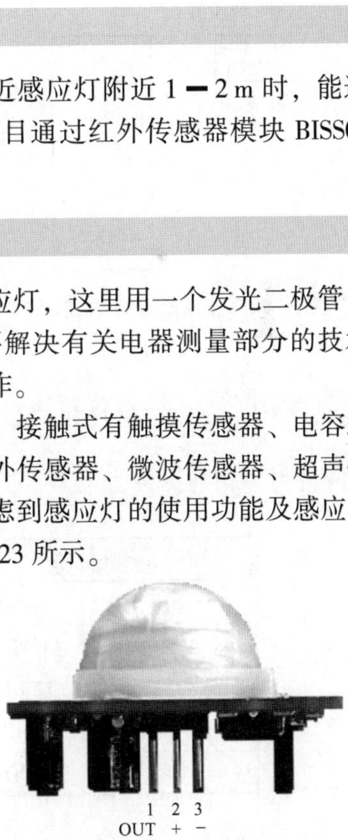

只要有人进入探测区域内，人体的红外辐射就会被探测出来。这种检测模块的优点是本身不发生任何类型的辐射，一般手机电磁、照明不会引起误动作，器件功耗小，价格低廉。缺点是只能测试运动的人体，且容易受较强热源、光源、射频辐射

1 2 3
OUT + −

图 5-23 热释电红外传感器应用模块示意图

163

干扰，当环境温度和人体温度接近时灵敏度会下降。

3. 动手做1——画出硬件电路原理图

要完成红外感应模块与单片机的连接，首先应弄清红外感应模块各引脚的功能与使用方法，如图5-24所示。将感应模块底部三个端子中的 OUT 端子接 AT89C51 单片机的 P2.4；"+"端子接+5 V 电源；"-"端子接电源地。当模块电源接通后，端子 OUT 的输出状态为低电平，处于初始工作状态。此时，如果有人在感应区域内移动，模块的输出端子 OUT 会输出一个高电平。所以，通过查询或中断方式来检测红外感应模块输出端子 OUT 电平的高低状态就可以判断是否有人靠近感应灯了。硬件电路原理示意图如图5-25所示。

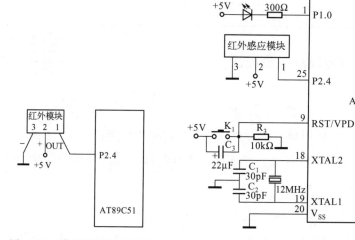

图5-24　感应灯硬件电路图　　　　　图5-25　感应灯硬件电路图

4. 动手做2——准备器件

感应灯电路器件清单如表5-7所示。

表5-7　感应灯电路器件清单

元 件 名 称	参　　数	数量	元 件 名 称	参　　数	数量
插座	DIP40	1	红外感应模块	BISS0001	1
单片机	AT89C51	1	电解电容	$22\mu F$	1
晶体振荡器	12MHz	1	电阻	$10k\Omega$	1
瓷片电容	30pF	2	按键		1
电阻	300Ω	1	发光二极管	LED	1

5. 动手做3——流程图设计

编制程序流程图，如图5-26所示。

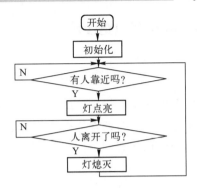

图 5-26　感应灯软件流程图

6. 动手做 4——程序设计

根据流程图编写系统应用程序。

```
//程序名:感应灯应用程序 ex12.c
//程序功能:判断是否有人接近,有人靠近时灯点亮,人离开时灯熄灭
#include "reg51.h"
sbit hw=P2^4;              //红外控制端
sbit P1_0=P1^0;            //感应灯控制端
void   main()
{ while(1)
   {P2=0xff;               //读 P2 口的状态,先置 1
   if(hw==1) P1_0=0;       //有人接近,打开灯
   if(hw==0) P1_0=1;       //人离开,熄灭灯
   }
}
```

7. 动手做 5——软硬件联调

(1) 输入源程序。

(2) 编译源程序。

(3) 联机调试和纠错,模拟人靠近和离开动作,测试灯的控制过程。

(4) 将调试好的程序下载至 AT89C51 芯片中,脱机运行。

(5) 完成机械部分的设计与制作。

(6) 进行外观设计。

(7) 产品组装。

这样,一个由单片机控制的自动感应灯就制作完成了。

在已完成的感应灯设计与制作的基础上,能做其他的设计吗? 还可以设计感应垃圾桶,把发光二极管 LED 改为电动机即可,电动机的控制具体参考项目 11。热释电红外传感器可用于自动开关、防盗报警、设备的自动控制等多种场合,可结合单片机和其他功能电路的应用,充分发挥自己的奇思妙想,开发出更加优秀的新产品。

任务 13-2　用红外遥控器控制小车电路设计

1. 任务要求

红外遥控技术在机器人及电器产品中已得到广泛应用，本项目的任务是利用单片机控制技术与红外遥控技术相结合，制作一个具有红外遥控功能的电动车。用红外遥控器控制小车前进、停止、后退、左转、右转的运行状态。

2. 怎么做？

目前，针对单片机应用的专用键盘接口芯片可谓种类繁多，但大多数都应用于对功耗没有严格要求的场合，满足不了一些小巧的便携式设备（如遥控器的低功耗、低成本要求）。TC9148 是一款应用广泛的红外发码专用芯片，一般与红外接收芯片 TC9149 配合使用来构成一套完整的遥控发射、接收系统。而由于 TC9148 具有功耗极低且价格低廉的特点，在许多要求有键盘控制的低功耗、低成本应用中可将其作为键盘接口芯片使用，并直接与微处理器连接实现复杂的键盘处理。

3. 跟我学 1——TC9148 红外发射芯片工作原理

TC9148 常用在通用红外遥控发射器的 CMOS 大规模集成电路，该电路与遥控接收电路 TC9149 配合，可进行 10 路独立功能的控制，TC9148 发送编码可达 75 个，其中的 63 个用于连续发射，可由多键同时操作获得，余下的 12 个是单次发射，只能按次序前后进行单键操作。

TC9148 的抗干扰性较好，它发送的信号每组代码为 12 位，每次发送两组，两组信号在接收后逐位进行比较，只有完全相同时才认为有效。该电路采用 CMOS 工艺，并在线路设计上做到只有在按键动作时才产生振荡，因而静态功耗很少，适用于干电池工作。

TC9148 的振荡频率为 455 kHz，典型的红外发射电路如图 5-27 所示。

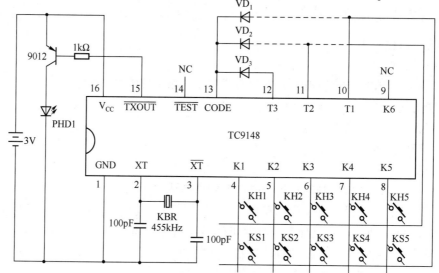

图 5-27　TC9148 红外发射电路图

　　发送的编码信号由 OUT 端输出，这是经 38 kHz 调制的一串占空比不同的脉冲群，其波形如图 5-28 所示。

　　整个编码脉冲共有 12 个，即 12 位，其中 C1 — C3 代表地址码，即用户码，可供使用者按需编制，以适用于不同控制对象，图 5-28 中示例为 110 码。在 TC9148/TC9149 配合使用时可用的用户码仅有 3 个：101、110、111 可供选择，连接二极管的为 1，不连接二极管的为 0。H、S1 和 S2 为连续/单次码标识，图 5-28 中为 100 码，即表明输出的是连续脉冲。在 TC9148/TC9149 配合使用时，由于 T3 连接按键无效，所以连续/单次指令码可供选择的仅有 2 个，即 100 和 010，分别对应于与 T1 连接的按键和与 T2 连接的按键。最后 6 位是按键输入码，按键接通为 1，反之为 0，图 5-28 中示例为 100100 码。

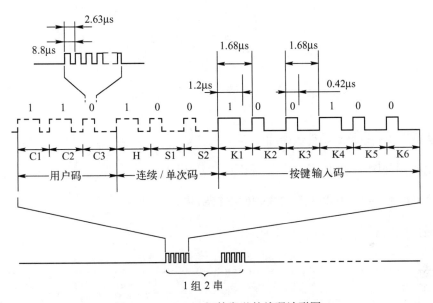

图 5-28　TC9148 红外发送的编码波形图

　　连续脉冲输出按键 KH1 — KH5 可多键组合，无位置或时间的次序关系，即各键操作是独立而又任意的，因此，在接收电路 TC9149 的对应输出端就可同时得到多路控制信号。单次脉冲输出按键 KS1 — KS5 只能单键操作，且每按动一次不论时间长短与先后，均只能发送 1 组（2 串）脉冲，若同时接通数键，电路将自动按优先次序排队，即 KS1 优先级最高，KS5 优先级最低，从而有效地免除误操作的发生。连续脉冲输出按键和单次脉冲输出按键若同时按下，则优先次序为连续（T1）优于单次（T2）。

4. 跟我学 2——TC9149 红外接收驱动芯片工作原理

　　TC9149 是具有 10 路输出的红外遥控接收芯片，10 路中有 5 路为连续脉冲输出，另 5 路为单次脉冲输出。连续脉冲输出的 5 路可同时并行工作，并与发射电路的 31 个编码相对应，单次输出的 5 路则每次只能有 1 路工作，并与发射电路的 5 个编码相对应。红外接收头采用 HS0038A2。电路内的用户码检测电路能鉴别不同类别的用户发出的信号。用户码是通过引出端 CODE2 和 CODE3 来设置的，以便与发射电路相对应。CODE1 端未引出，在内部已设计恒为1，所以用户码与TC9148相对应仅有101、110、111可供选择，又因100码不允许采用，故CODE2和CODE3至少应有一端悬空。为使电路实现开机清除，CODE2和CODE3端悬空时均需外接0.01—0.22μF电容到地。图5-29中用户码为111。

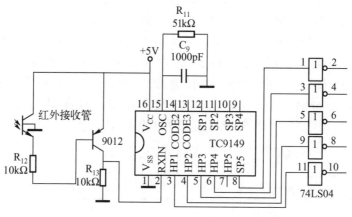

图5-29　TC9149红外接收电路

5. 动手做1——画出硬件电路图

硬件电路图如图5-30所示。

6. 动手做2——准备器件并完成硬件电路制作

红外遥控电路器件清单如表5-8所示。

表5-8　红外遥控电路器件清单

元 件 名 称	参　　数	数量	元 件 名 称	参　　数	数量
IC插座	DIP40	1	电阻	10Ω/200Ω/10kΩ/1kΩ/47kΩ/51kΩ	2/2/3/2/2/1
单片机	AT89C51	1	电容	22μF	1
晶体振荡器	12MHz/455MHz	1/1	按键		5
瓷片电容	30pF/120pF	2/2	电容	1000pF	1
红外发送器件	TC9148	1	红外接收器件	TC9149	
红外接收管	HS0038A2	1	红外发射管	PH301	1
非门	74LS04	1	三极管	9013/9012	2/2
二极管	1N4148/1N4001	3/8	电动机驱动	L298	1

7. 动手做3——编写应用程序

以下程序为红外遥控器控制小车前进、后退、左转、右转的程序。

红外遥控器接收程序如下：

```
//程序：ex16.c
//功能：接收发送端的信号，并按要求动作
#include<reg51.h>
```

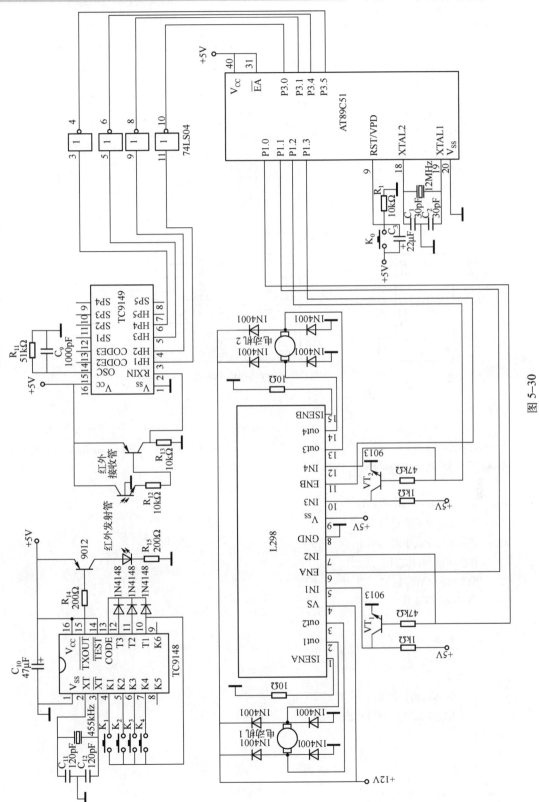

图 5-30

📄 **小资料**

采用已有的通用遥控器可以减少制作上的麻烦,但在这些遥控器上的按键数量和标识与项目中的控制要求不一定完全合用,因此,可以选择红外遥控器专用芯片自制遥控发射器和单片机接收电路。

编码芯片 TC9148 和解码芯片 TC9149,如图 5-31 所示。

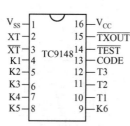

引脚	功能描述
V_{SS}	接地端
V_{CC}	电源端,+3V/DC
XT,$\overline{XT}$	晶振输入／输出端,一般连接 455kHz 的晶振
K1~K6	按键编码输入端,可接按键矩阵
T1~T3	按键编码扫描输出端
CODE	输入／输出编码匹配端
$\overline{TEST}$	键码测试功能发送端
$\overline{TXOUT}$	信号发送端

（a）编码芯片 TC9148 引脚及功能表

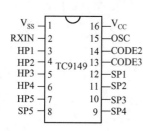

引脚	功能描述
V_{SS}	接地端
V_{CC}	电源端
RXIN	信号接收端
HP1~HP5	控制信号输出端
SP1~SP5	控制信号输出端
CODE3,CODE2	编码端
OSC	振荡输入端

（b）解码芯片 TC9149 引脚及功能表

图 5-31 发射与接收芯片引脚及功能表

```
#include<Config. h>                    //红外遥控相关头文件( 见 config. h 头文件)
void EXT_INT0_ISR( void) EXT_INT0
{
    static unsigned char i = 0;
    TR0 = 0;//关定时器
    EX0 = 0;//关中断
    IE0 = 0;//清标志位
    TF0 = 0;//清标志位
    if( Fashe = = 1)
    {
        Fashe = 0;
        Jieshou = 1;
        i++;
        if( i> = 10) { i = 0;}
        RE_Data[ i] = TH0 * 256+TL0;
    }
}


void EXT_INT1_ISR( void) EXT_INT1        //转弯控制
{
```

```c
        EX1 = 0;
        IE1 = 0;
        if( ++State = = 2) {State = 0;}
        delay1ms( 100);
        EX1 = 1;
}


void delay1ms ( unsigned int ms)
{
        unsigned int i,j;
        for( j = 0;j<ms;j++)
        for( i = 0;i<110;i++);
}
void Clear( void)
{
        unsigned char i;
        for( i = 0;i<10;i++)
        {
                RE_Data[ i] = 5880;
        }
}
//函数名:Car_Telecontrol
//函数功能:小车遥控程序
//形式参数:无
//返回值:无
void Car_Telecontrol( void)
{
        unsigned char Dir = 0;
        P3 | = 0x33;
        if( P30 = = 0) {Dir = 1;}
        if( P31 = = 0) {Dir = 2;}
        if( P34 = = 0) {Dir = 3;}
        if( P35 = = 0) {Dir = 4;}
        switch( Dir)
        {
                case 1:Right_Motor_Go      Left_Motor_Go     break;//前进
                case 2:Right_Motor_Back    Left_Motor_Go     break;//左转
                case 3:Right_Motor_Go      Left_Motor_Back break;//右转
                case 4:Right_Motor_Back    Left_Motor_Back break;//后退
                default:Right_Motor_Stop   Left_Motor_Stop break;//停止
        }
}
//函数名:System_Init
```

```
//函数功能:系统定时器、中断等初始化
//形式参数:无
//返回值:无
void System_Init( void )
{
    Timer0_Init
    Timer1_Init
    Ext0_Init
    Ext1_Init
    Clear( );
}
void main( void )
{
    System_Init( );
    EA = 1;//开总中断
    while( 1 )
    {
        Car_Telecontrol( );
    }
}
```

其中 config. h 头文件如下:

```
sbit P13 = P1^3;        //I/O 口 P1. 3
sbit P12 = P1^2;        //I/O 口 P1. 2
sbit P11 = P1^1;        //I/O 口 P1. 1
sbit P10 = P1^0;        //I/O 口 P1. 0

sbit P35 = P3^5;        //I/O 口 P3. 5
sbit P34 = P3^4;        //I/O 口 P3. 4
sbit P31 = P3^1;        //I/O 口 P3. 1
sbit P30 = P3^0;        //I/O 口 P3. 0
#define MAX(a,b)    (((a)>(b))? (a):(b))         //最大值
#define MIN(a,b)    (((a)<(b))? (a):(b))         //最小值

//中断号
#define EXT_INT0      interrupt 0    using 1      //外部中断 0
#define EXT_INT1      interrupt 2    using 1      //外部中断 1
#define TIMER0_OVF      interrupt 1               //定时器 T0 溢出中断
#define TIMER1_OVF      interrupt 3               //定时器 T1 溢出中断
bit Fashe = 0,Jieshou = 0;
#define Timer0_Star THO = 0x00;TL0 = 0x00;EX0 = 1;Fashe = 1;TR0 = 1;
#define Timer0_Stop TR0 = 0;EX0 = 0;THO = 0x00;TL0 = 0x00;Fashe = 0;csb = 0;
//电动机控制 P0. 0 — P0. 3
#define Left_Motor_0        P10
```

```
#define Left_Motor_1       P11
#define Right_Motor_0      P12
#define Right_Motor_1      P13
#define Left_Motor_Go      Left_Motor_0 = 1;Left_Motor_1 = 0;
#define Left_Motor_Back    Left_Motor_0 = 0;Left_Motor_1 = 1;
#define Left_Motor_Stop    Left_Motor_0 = 0;Left_Motor_1 = 0;
#define Right_Motor_Go     Right_Motor_0 = 1;Right_Motor_1 = 0;
#define Right_Motor_Back Right_Motor_0 = 0;Right_Motor_1 = 1;
#define Right_Motor_Stop Right_Motor_0 = 0;Right_Motor_1 = 0;
//状态标志
unsigned char State = 0;
//初始化
#define Timer0_Init    TMOD| = 0x01;ET0 = 1;//定时器 T0 工作于方式 1
#define Timer1_Init    TMOD| = 0x10;
#define Ext0_Init
#define Ext1_Init       EX1 = 1;              //外部中断 1 下降沿中断
void SEG_SHOW(unsigned char S1,unsigned char S2,unsigned char S3,unsigned char S4);
unsigned int Average_Filter(unsigned int * Data);
void Supersonic_Wave(void);
void Car_Telecontrol(void);
void System_Init(void);
void delay_ms(unsigned int n);
```

编译链接后，将源程序 ex16. c 生成目标代码文件 ex16. hex，下载到芯片，观察红外遥控器工作情况。

> **项目小结**
>
> 　　该项目涉及红外传感和遥控技术、单片机软件解码技术及直流电动机驱动控制技术的应用。通过查阅红外传感和红外遥控技术应用实例、专用芯片及器件资料，编制解码程序的训练，巩固单片机中断技术的运用能力，并提高将实用技术、器件与单片机应用技术进行集成转化的综合运用能力，为进一步完成单片机在无线传输技术中的综合应用项目制作奠定基础。
>
> 　　本项目的知识点如下：
> 　◇ 红外检测与控制；
> 　◇ 红外遥控发送及接收原理；
> 　◇ 红外传感器模块应用；
> 　◇ TC9148 及 TC9149 应用；
> 　◇ 函数的声明。

单元 6

综合实战项目

本单元主要对前面训练中所涉及知识和技能的运用进行一个比较全面的综合训练。运用在前面训练和学习中所掌握的软硬件知识与各种设计、分析、调试和制作技能，把基础的项目组合成多个不同的综合项目，为今后制作更先进和复杂的单片机应用产品奠定一个很好的基础。

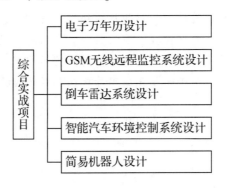

项目 14　电子万年历设计

训练任务	电子万年历设计
知识详解	◇DS1302 的读写时序及接口应用方法； ◇图形液晶控制器 HD61202 的内部结构和使用方法； ◇定时器工作方式及中断的应用
学习要点	◇掌握 DS1302 的读写时序、命令格式和接口设计； ◇学习 SPI 通用时序和 I²C 典型时序操作； ◇学习图形点阵液晶模块控制器的内部存储结构和显示原理； ◇运用定时器解决精确 1 s 定时问题； ◇掌握键盘中断处理方法
建议学时	6

扫一扫看电子万年历的设计教学课件

扫一扫看电子万年历的设计微课视频

扫一扫看时钟芯片的使用项目教学课件

1. 任务要求

为实现具有实时显示日期和时间信息的电子日历，可采用单片机内部定时器及软件方式，也可外接专用时钟芯片为单片机提供基准时钟，再通过液晶屏显示出来。本任务设计一个带时钟显示的电子万年历，同时用中文与数字显示当前日期、星期及时间信息。

2. 跟我学 1——认识串行日历时钟芯片 DS1302

DS1302 是一种可编程的串行实时时钟芯片，内部具有实时时钟、日历和用户可用 RAM，拥有计算 2100 年之前的秒、分、时、日期、星期、月、年的能力，且对月末日期、闰年天数可自动调整，RAM 容量为 31×8 bit，以 SPI 串行总线方式向单片机传送单字节或多字节的秒、分、时、日、月、年等实时时间数据，出现主电源断电时备用电源可继续保持时钟的连续运行。芯片引脚及功能如图 6-1 所示。

引脚号	名称	引脚功能
1	V_{CC2}	主电源
2	X1	32.768 kHz 晶振引脚
3	X2	32.768 kHz 晶振引脚
4	GND	地
5	$\overline{RST}$	复位端
6	I/O	数据输入 / 输出端
7	SCLK	串行时钟
8	V_{CC1}	后备电源

扫一扫看 DS1302 时钟芯片使用教学课件

扫一扫看 DS1302 时钟芯片使用微课视频

（a）引脚　　　　　　　　（b）引脚功能

图 6-1　DS1302 芯片引脚及功能示意图

DS1302 芯片内部寄存器位定义格式如表 6-1 所示。

表6-1　DS1302芯片内部寄存器读写地址及位定义格式

寄存器名	读写地址		取值范围	位定义							
	写操作	读操作		D7	D6	D5	D4	D3	D2	D1	D0
秒寄存器	0x80	0x81	00～59	CH	秒十位			秒个位			
分寄存器	0x82	0x83	00～59	0	分十位			分个位			
时寄存器	0x84	0x85	01～12 或 00～23	12/24	0	$\frac{AM}{PM}$	小时十位	小时个位			
日期寄存器	0x86	0x87	01～28～31	0	0	日十位		日个位			
星期寄存器	0x8a	0x8b	01～07	0	0	0	0	星期位			
月寄存器	0x88	0x89	01～12	0	0	0	月十位	月个位			
年寄存器	0x8c	0x8d	00～99	年十位				年个位			
控制寄存器	0x8e	0x8f		WP	0	0	0	0	0	0	0

📄小提示

（1）秒～年寄存器以BCD码格式存放数据，秒寄存器CH=1，时钟停止；CH=0，时钟运行。

（2）时寄存器D7=1，按12小时格式运行；D7=0，按24小时格式运行；D5为AM/PM位，在12小时格式中D5=1，表示PM；D5=0，表示AM；在24小时格式中D5为小时位。

（3）秒寄存器的最高位CH标识位是时钟的暂停标识，此位被置1时，时钟振荡电路停振，且DS1302进入低功耗空闲状态，反之，此位被置0时，时钟将工作。

（4）控制寄存器即写保护寄存器用来决定能否对DS1302进行读写操作，当控制字的最高位WP=0时，允许进行读写操作；当WP=1时，设置写保护，禁止读写操作。所以，单片机在对DS1302进行读写操作时，必须先将控制字00H写入到DS1302的控制寄存器中。

（5）命令字节是每次数据传输的开始字节，用于寄存器或RAM的寻址和读写控制，命令字节的格式如图6-39所示I/O口时序图，而且命令字节的传输始终从最低有效位开始。最高有效位D7必须是1，D6是RAM（1）或时钟/日历（0）的标识位。D1～D5定义片内寄存器的地址，最低有效位D0定义了写操作（0）或读操作（1）。因此，在RAM寻址空间依次排布的为用户使用31B静态RAM区的寻址，即可通过命令字节D6加以区别，当D6位为0时对RAM区进行寻址，否则将对时钟/日历寄存器寻址。

3. 跟我学2——DS1302的基本读写时序操作

DS1302的控制信号引脚包括RST复位/片选线、SCLK时钟输入线和双向数据线I/O，即3线SPI总线接口。

DS1302的读写时序如图6-2所示，在片选CS选中该器件后，即可通过SCLK协调主从器件进行数据收发。首先需要发送器件命令字节，用来选择总线上器件、寄存器或RAM寻址及规定读写方向等，对芯片的所有写入或读出操作都是由命令字节引导的。例如，读写秒

~年等时钟日历数据时，就通过命令字节给出对应时钟寄存器的地址信息，再读取时钟数据。单字节操作（仅写入或读出 1B 数据的操作）每次需要 16 个时钟；多字节突发模式操作（每次对时钟日历的 8B 或 31RAM 字节全体操作）需要 72 或 256 个时钟。

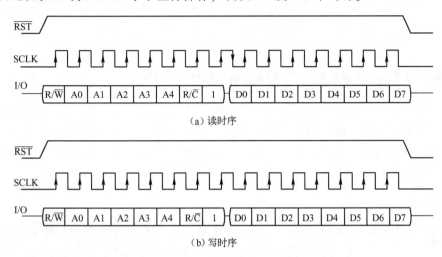

图 6-2　DS1302 数据读写时序

读秒寄存器中的数据时单片机应如何向 DS1302 发送控制字？在读秒寄存器中的数据时，应先串行发送秒寄存器读地址 0x81，然后从 I/O 端口串行读取秒数据。无论是发送地址还是读写的数据，都是从最低位 D0 开始串行传送。

在 6-2（a）中可以看出，紧跟串行传送 8 位地址后的 SCLK 脉冲下降沿处，DS1302 的数据还未准备好，易造成数据丢失。因此，当 8 位地址传送完毕后，要延时 1μs 再读取数据；而写时序中不存在这种情况。所有数据都应在 SCLK 的下降沿变化，而在 SCLK 的上升沿由芯片或 MCU 输入。在单片机与时钟芯片传送数据前，$\overline{RST}$ 应为低电平，只有在 SCLK 为低电平时，才能将 $\overline{RST}$ 置为高电平。若 $\overline{RST}$ 为低电平，I/O 引脚将处于高阻状态，禁止数据传送。

📖**小知识**

SPI（Serial Peripheral Interface，串行外设接口）总线系统是一种同步串行外设接口，它可以使 MCU 与各种外围设备以串行方式进行通信。SPI 总线系统可直接与各个厂家生产的多种标准外围器件直接连接，该接口一般使用 4 条线：串行时钟线（SCK）、主机输入/从机输出数据线 MISO、主机输出/从机输入数据线 MOSI 和从机选择信号线 CS（高电平有效或低电平有效根据具体芯片确定），有的 SPI 接口芯片没有主机输出/从机输入数据线 MOSI，只有一根双向的信号线 SIO，因此一般 3 线、4 线的串行接口器件大多符合 SPI 总线标准。

I^2C 总线（Inter IC BUS）是 Philips 推出的芯片间串行传输总线，它以两根连线实现了完善的全双工同步数据传送，可以方便地构成多机系统和外围器件扩展系统。I^2C 总线采用了器件地址的硬件设置方法，通过软件寻址完全避免了器件的片选线寻址方法，从而使硬件系统具有最简单而灵活的扩展方法。目前已有多家公司生产具有 I^2C 总线的

单片机，如 Philips、Motorola、韩国三星、日本三菱等公司。这类单片机在工作时，总线状态由硬件监测，无须用户介入，应用非常方便。对于不具有 I^2C 总线接口的 MCS-51 单片机，在单片机应用系统中可以通过软件模拟 I^2C 总线的工作时序，在使用时，只要正确调用基本时序操作函数就可很方便地实现扩展 I^2C 总线接口器件。

4. 跟我学3——认识图形点阵液晶模块 LGM12641BS1R

本项目选用另一款 128×64 的图形点阵 LCD 模块 LGM12641BS1R，基本操作方法与项目6 的任务 6-2 中提及的图形液晶模块 PG12864F 类似，但由于内置驱动控制器结构不同，具体的控制信号引脚连接方法、显存结构及汉字字模显示方式、命令码格式功能都有所不同，可对比举一反三、灵活运用。

> 📄**小提示**
>
> LGM12641BS1R 与 MCU 的接口信号引脚包括：低电平选通引脚 $\overline{CSA}/\overline{CSB}$ 进行模块内控制驱动芯片的片选；E 为读写使能信号，E 下降沿数据写入液晶模块，E 高电平读出数据；R/W 为读写选择信号，R/W＝1 为读选通；D/I 为数据命令选择信号，D/I＝1 数据操作；DB0～DB7 为 I/O 口数据总线。
>
> LGM12641BS1R 内置 2 个 64 列驱动控制器 HD61202 和 1 个 64 行驱动控制器 HD61203。行驱动控制器 HD61203 没有与 MCU 的连接关系，只要提供电源就能产生行驱动信号和各种同步信号，比较简单。而两片列驱动控制器 HD61202 将液晶屏幕分为左右两部分，各为64×64 点阵，由信号引脚 $\overline{CSA}$ 和 $\overline{CSB}$ 组合选择左半屏（00）或右半屏（01）。液晶模块与 MCU采用 8 位并口数据传输方式，屏幕水平又被分为 8 页，每页高 8 像素，左右两半各宽 64像素。
>
> 显示字符时，需要定位 LCD 显示位置包括页地址（Page Address）和列地址（Column Address）的定位，分别代表了行地址和列地址。发送字符的点阵字模时需要注意，LGM12641BS1R 是列行式扫描送入字模字节的，而且是纵向从下向上取模。
>
> HD61202 控制器的指令系统较简单，共 7 种，包括显示开/关指令、显示起始行地址设置指令、页地址设置指令、列地址设置指令、读状态指令、写数据指令及读数据指令。其中，读、写数据指令每执行完一次读、写操作，列地址就自动增 1。具体的命令字及其含义请查阅相关数据资料。

5. 动手做1——画出电子万年历硬件电路图

如图 6-3 所示，DS1302 通过串行 I/O 接口与单片机进行通信，仅需 $\overline{RST}$、I/O、SCLK 三个引脚分别与单片机的 P2.7、P2.6、P2.5 相连接；按键采用中断控制方式，通过与门连接外部中断 0；液晶模块 LGM12641BS1R 采用 8 位并行间接接口方式，数据线选用 P1 口，$\overline{CSA}$、$\overline{CSB}$ 分别连接 P3.0 和 P3.1 进行控制器的片选，读写使能信号 E 连接 P3.4，读写选择信号 R/W 连接 P3.5，数据命令选择信号 D/I 连接 P3.6。

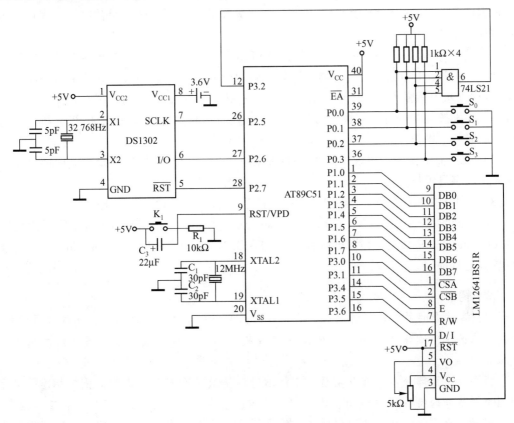

图 6-3　电子万年历接口电路原理图

电子万年历电路所用器件如表 6-2 所示。

表 6-2　电子万年历电路器件清单

元 件 名 称	参　　数	数量	元 件 名 称	参　　数	数量
IC 插座	DIP40	1	电阻	10kΩ/1kΩ	1/4
单片机	AT89C51	1	电解电容	22μF	1
晶体振荡器	12MHz	1	液晶 LM12641BS1R	128×64	1
瓷片电容	30pF/5pF	2/2	晶体振荡器	32 768Hz	1
按钮开关		5	4 输入与门	74LS21	1
电位器	50kΩ	1			

6. 动手做 2——编写电子万年历的程序

电子万年历具有时间显示和时间调整两大基本功能。时间显示功能即装载程序后运行时以 PC 时间为默认时间开始计时，单片机内部定时器定时 1s，进入定时器中断服务刷新一次 LCD 显示。显示格式为第 1 行"2011 年 07 月 21 日"，第 2 行"星期四"，第 3 行"17 时 17 分 53 秒"；时间调整功能为 S1 键选择调整参数，S2 键和 S3 键进行加减调整，S4 键确认保存，S1～S4 四个按键采用外部中断方式，在 INT0 中断服务子程序中分析按键号，并进行相应的功能处理。

根据任务要求进行模块化设计，电子万年历系统的模块划分包括时钟模块、LCD 显示模块及主程序模块。

　　（1）主程序模块：主程序函数完成 LCD 液晶模块初始化，显示初始界面汉字信息，外部中断 0 开中断，1 秒定时的定时器初始化，调用读取时钟函数存入时间变量等功能；定时器 T0 每秒进入中断服务子程序刷新 LCD 显示；有按键即触发外部中断，进入 INT0 中断服务子程序，识别按键并进行时间调整等处理，将调整后的时间写入 DS1302 保存更新，此时不进行读取时间的操作。

　　（2）LCD 显示模块：实现 LCD 模块的初始化、写命令、写数据、设置页地址、显示字符、显示汉字等函数。

　　（3）3 线 SPI 时钟模块：实现 DS1302 时钟芯片基本读写时序功能函数，包括向 DS1302 写入 1 字节函数 Write_Byte( )，读出 1 字节函数 Get_Byte( )，从 DS1302 指定位置读数据函数 Read_Data( )，向某地址写数据函数 Write_DS1302( )，设置时间函数 Set_Time( )，读取时间函数 Get_Time( )。

　　📄**小提示**

　　针对某个器件的读写操作过程，就是针对器件资料中的读写时序和内部寄存器结构、调用基本的 SPI 读字节和写字节的时序函数来实现的，这一点与 I^2C 器件的应用方法类似。

　　程序分为两部分：一部分实现 SPI 标准时序函数。这部分函数相对比较标准，只是根据个别芯片的特殊时序进行微调即可，主要包括片读字节、写字节两个最基本函数。另一部分是根据器件具体结构和操作方法调用 SPI 标准时序函数的过程，从而实现每个器件特殊的功能。再把这些专用函数声明为外部函数，在主程序模块中调用。

　　电子万年历源程序如下：

```
//程序:ex17.c
//功能:电子万年历,按照第 1 行"2011 年 07 月 21 日",第 2 行"星期四",第 3 行"17 时 17 分 53
秒"的格式显示日历时钟信息
// ***************************编译预处理语句***************************//
#include<reg51.h>              //包含头文件
#include<intrins.h>
#include<string.h>
#define uchar unsigned char
#define uint unsigned int
#define LcdDataPort      P1          //LCD 数据口定义
#define Lcd_Start_Row    0xc0        //起始行指令
#define Lcd_Page         0xb8        //页设置指令
#define Lcd_Col          0x40        //列设置指令
// *********************** 函数声明 ***********************//
void InitializeLCD( );               //LCD 初始化函数
void OneChar(unsigned char x,unsigned char y,unsigned char num);
                                     //LCD 显示 1 字符函数
```

```c
void Hanzi(uchar x,uchar y,uchar * hz);        //LCD 显示 1 汉字函数
void Write_Byte(uchar x);                      //向 DS1302 写入 1 字节
uchar Get_Byte();                              //读出 1 字节
uchar Read_Data(uchar addr);                   //从 DS1302 指定位置读数据
void Write_DS1302(uchar addr,uchar dat);       //向某地址写数据函数
void Set_Time();                               //设置时间
void Get_Time();                               //读取时间
// ****************************端口定义****************************//
sbit K1=P0^0;                                  //时间调整选择键
sbit K2=P0^1;                                  //加键
sbit K3=P0^2;                                  //减键
sbit K4=P0^3;                                  //确定保存键
sbit DI=P3^6;                                  //LCD 数据命令选择信号
sbit RW=P3^5;                                  //LCD 读写选择信号
sbit E=P3^4;                                   //LCD 读写使能信号
sbit CSA=P3^0;                                 //LCD 片选 CSA
sbit CSB=P3^1;                                 //LCD 片选 CSB
sbit SDA=P2^6;                                 //DS1302 数据线
sbit SCLK=P2^5;                                //DS1302 时钟线
sbit RST=P2^7;                                 //DS1302 复位线
// ****************************全局变量定义****************************//
bit Reverse_Display=0;                         //是否反白显示标志位
uchar tCount=0;                                //定时器 T0 定时 50ms 的计数器
uchar DateTime[7];                             //存放读取的日期时间
uchar Adjust_Index=-1;//调整:秒、分、时、日、月、星期、年(0,1,2,3,4,5,6)
uchar code DATE_TIME_WORDS[] =
{
0x40,0x20,0x10,0x0c,0xe3,0x22,0x22,0x22,0xfe,0x22,0x22,0x22,0x22,0x02,0x00,0x00,0x04,0x04,
0x04,0x04,0x07,0x04,0x04,0x04,0xff,0x04,0x04,0x04,0x04,0x04,0x04,0x00,/ * "年",0 */
0x00,0x00,0x00,0x00,0x00,0xff,0x11,0x11,0x11,0x11,0x11,0xff,0x00,0x00,0x00,0x00,0x00,0x40,
0x20,0x10,0x0c,0x03,0x01,0x01,0x01,0x21,0x41,0x3f,0x00,0x00,0x00,0x00,/ * "月",0 */
//……//限于篇幅,这里省略了"日、星期、时、分、秒"的点阵数据
};
uchar code WEEKDAY_WORDS[] =
{
0x00,0x00,0x00,0xfe,0x42,0x42,0x42,0x42,0x42,0x42,0x42,0xfe,0x00,0x00,0x00,0x00,0x00,0x00,
0x00,0x3f,0x10,0x10,0x10,0x10,0x10,0x10,0x10,0x3f,0x00,0x00,0x00,0x00,/ * "日",0 */
0x00,0x80,0x80,0x80,0x80,0x80,0x80,0x80,0x80,0x80,0x80,0x80,0x80,0xc0,0x80,0x00,0x00,0x00,
0x00,0x00,0x00,0x00,0x00,0x00,0x00,0x00,0x00,0x00,0x00,0x00,0x00,0x00,/ * "一",0 */
//……//限于篇幅,这里省略了"二~六"的点阵数据
};
uchar code Char_code[10][16] =
{
```

```
    {0x00,0xe0,0x10,0x08,0x08,0x10,0xe0,0x00,0x00,0x0f,0x10,0x20,0x20,0x10,0x0f,0x00},/*"0"*/
    {0x00,0x10,0x10,0xf8,0x00,0x00,0x00,0x00,0x00,0x20,0x20,0x3f,0x20,0x20,0x00,0x00},/*"1",*/
    {0x00,0x70,0x08,0x08,0x08,0x88,0x70,0x00,0x00,0x30,0x28,0x24,0x22,0x21,0x30,0x00},/*"2",*/
    {0x00,0x30,0x08,0x88,0x88,0x48,0x30,0x00,0x00,0x18,0x20,0x20,0x20,0x11,0x0e,0x00},/*"3",*/
    {0x00,0x00,0xc0,0x20,0x10,0xf8,0x00,0x00,0x00,0x07,0x04,0x24,0x24,0x3f,0x24,0x00},/*"4",*/
    {0x00,0xf8,0x08,0x88,0x88,0x08,0x08,0x00,0x00,0x19,0x21,0x20,0x20,0x11,0x0e,0x00},/*"5",*/
    {0x00,0xe0,0x10,0x88,0x88,0x18,0x00,0x00,0x00,0x0f,0x11,0x20,0x20,0x11,0x0e,0x00},/*"6",*/
    {0x00,0x38,0x08,0x08,0xC8,0x38,0x08,0x00,0x00,0x00,0x00,0x3f,0x00,0x00,0x00,0x00},/*"7",*/
    {0x00,0x70,0x88,0x08,0x08,0x88,0x70,0x00,0x00,0x1C,0x22,0x21,0x21,0x22,0x1c,0x00},/*"8",*/
    {0x00,0xe0,0x10,0x08,0x08,0x10,0xe0,0x00,0x00,0x00,0x31,0x22,0x22,0x11,0x0f,0x00}/*"9",*/
};
// *****************************函数编码实现*************************//
//函数名:Lcd_Check_Busy
//函数功能:检查LCD是否忙
//形式参数:无
//返回值:LCD状态位,bit类型
bit Lcd_Check_Busy()
{
    LcdDataPort = 0xff;
    RW = 1;_nop_();DI = 0;
    E = 1;_nop_();E = 0;
    return(bit)(LcdDataPort&0x80);
}
//函数名:Lcd_Write_Command
//函数功能:向LCD发送命令字
//形式参数:命令字ch,unsigned char类型
//返回值:无
void Lcd_Write_Command(uchar ch)
{
    while(Lcd_Check_Busy());
    LcdDataPort = 0xff;
    RW = 0;_nop_();DI = 0;
    LcdDataPort = ch;
    E = 1;_nop_();E = 0;
}
//函数名:Lcd_Write_Data
//函数功能:向LCD发送数据
//形式参数:命令字da,unsigned char类型
//返回值:无
void Lcd_Write_Data(uchar da)
{
    while(Lcd_Check_Busy());
    LcdDataPort = 0xff;
    RW = 0;_nop_();DI = 1;
```

```c
        //根据 Reverse_Display 决定是否反白显示
        if(！Reverse_Display) LcdDataPort=da;
        else            LcdDataPort=~da;
        E=1;_nop_();E=0;
}
//函数名:InitializeLCD
//函数功能:初始化 LCD
//形式参数:无
//返回值:无
void InitializeLCD()
{
        CSA=1;CSB=1;
        Lcd_Write_Command(0x3f);                        //开显示
        Lcd_Write_Command(Lcd_Start_Row);               //设置起始行 00
}

//函数名:Disp_Bytes
//函数功能:从第 Page 页第 Col 列开始显示 Bytes 字节数据,数据在 p 所指向的缓冲区,
//          每页 8×128,分为左半页和右半页
//形式参数:页地址 Page,列地址 Col,显示字模字节数 Bytes,显示数据指针 p
//          参数类型均为 unsigned char 类型
//返回值:无
void Disp_Bytes(uchar Page,uchar Col,uchar Bytes,uchar * p)
{
        uchar i;
        if(Col<64)                                      //显示在左半屏或左右半屏
        {
            CSA=1;CSB=0;                                 //选中左屏控制器
            Lcd_Write_Command(Lcd_Page+Page);           //页地址设置
            Lcd_Write_Command(Lcd_Col+Col);             //列地址设置
            if(Col+Bytes<64)                            //全部显示在左半屏
                for(i=0;i<Bytes;i++) Lcd_Write_Data(p[i]);
            else                                        //显示在左半屏+右半屏
            {
                for(i=0;i<64-Col;i++) Lcd_Write_Data(p[i]); //左半屏显示
                CSA=0;CSB=1;                             //选中右屏控制器
                Lcd_Write_Command(Lcd_Page+Page);       //页地址设置
                Lcd_Write_Command(Lcd_Col);             //列地址设置
                for(i=64-Col;i<Bytes;i++) Lcd_Write_Data(p[i]); //右半屏显示
            }
        }
    else  //全部显示在右屏
        {
            CSA=0;CSB=1;                                 //选中右屏控制器
            Lcd_Write_Command(Lcd_Page+Page);           //页地址设置
```

```
        Lcd_Write_Command(Lcd_Col+Col-64);              //列地址设置
        for(i=0;i<Bytes;i++) Lcd_Write_Data(p[i]);      //右半屏显示
    }
}
```

//函数名:OneChar
//函数功能:显示 1 个 16×8 点阵的半高字符
//形式参数:行地址 x(0～7);列地址 y(0～127);查字模表的索引 num
//   参数类型均为 unsigned char 类型
//返回值:无

```
void OneChar(uchar x,uchar y,uchar num)
{
    Disp_Bytes(x,y,8,Char_code[num]);                  //显示字模上半部分
    Disp_Bytes(x+1,y,8,Char_code[num]+8);              //显示字模下半部分
}
```

//函数名:Hanzi
//函数功能:显示 1 个 16×16 点阵的中文字符
//形式参数:行地址 x(0～7);列地址 Column(0～127);类型均为 unsigned char 类型;
//   汉字字模首地址 hz,参数类型为 unsigned char ∗ 类型
//返回值:无

```
void Hanzi(uchar x,uchar y,uchar ∗ hz)
{
        Disp_Bytes(x,y,16,hz);                         //显示字模上半部分
        Disp_Bytes(x+1,y,16,hz+16);                    //显示字模下半部分
}
```

//函数名:Write_Byte
//函数功能:向 DS1302 写入 1 字节
//形式参数:写入数据 x,unsigned char 类型
//返回值:无

```
void Write_Byte(uchar x)
{
    uchar i;
    for(i=0;i<8;i++)
    {
        SDA=x&1;
        SCLK=1;                                        //时钟信号高电平通知从设备取数据
        _nop_();_nop_();_nop_();_nop_();_nop_();
        SCLK=0;
        x>>=1;                                         //字节低位先发送
    }
}
```

//函数名:Get_Byte
//函数功能:读出 1 字节
//形式参数:无
//返回值:接收的字节数据,unsigned char 类型

```
uchar Get_Byte( )
{
    uchar i,b,t;
    for(i=0;i<8;i++)
    {
        b>>=1;t=SDA;b|=t<<7;
        SCLK=1;                                        //时钟信号高电平可从总线取数据
        _nop_( );_nop_( );_nop_( );_nop_( );_nop_( );
        SCLK=0;
    }
    t=b/16*10+b%16;
    return t;
}
//函数名：Read_Data
//函数功能:从 DS1302 指定位置读数据
//形式参数:指定地址 addr,unsigned char 类型
//返回值:接收的字节数据,unsigned char 类型
uchar Read_Data(uchar addr)
{
    uchar t;
    RST=0;SCLK=0;RST=1;
    Write_Byte(addr);
    _nop_( );_nop_( );_nop_( );_nop_( );_nop_( );      //延时等待设备写入数据
    t=Get_Byte( );
    SCLK=1;RST=0;
    return t;
}
//函数名：Write_DS1302
//函数功能:向某地址写数据函数
//形式参数:指定地址 addr,写入字节数据 dat,unsigned char 类型
//返回值: 无
void Write_DS1302(uchar addr,uchar dat)
{
    SCLK=0;RST=1;
    Write_Byte(addr);
    Write_Byte(dat);
    SCLK=1;RST=0;
}
//函数名:Set_Time
//函数功能:设置时间
//形式参数:无
//返回值: 无
void Set_Time( )
{
```

```
        uchar i;
        Write_DS1302(0x8e,0x00);                    //控制寄存器打开写保护
        for(i=0;i<7;i++)                            //依次向秒、分、时、……、年寄存器写入时间信息
            Write_DS1302(0x80+2*i,(DateTime[i]/10<<4|DateTime[i]%10));    //地址每次增2
        Write_DS1302(0x8e,0x80);                    //控制寄存器写保护
}
//函数名:Get_Time
//函数功能:读取当前时间
//形式参数:无
//返回值: 无
void Get_Time()
{
        uchar i;
        for(i=0;i<7;i++)                            //依次从秒、分、时、……、年寄存器读取时间信息
            DateTime[i]=Read_Data(0x81+2*i);        //地址每次增2
}
//函数名:DateTime_Adjust
//函数功能:响应用户按键调整时间变量:年、月、日、时、分、星期
//形式参数:加1或减1标志 x,unsigned char 类型
//返回值: 无
void DateTime_Adjust(char x)
{
        DateTime[Adjust_Index]=DateTime[Adjust_Index]+x;
}
//函数名:T0_Int
//函数功能:50ms进入定时器T0中断服务,判断1s到则刷新显示时间
//形式参数:无
//返回值: 无
void T0_Int() interrupt 1
{   uchar i;
        TH0=-50000/256;                             //T0 置定时 50ms 的初值
        TL0=-50000%256;
        if(++tCount<=20)return;                     //未到1s,退出
        tCount=0;                                   //1s到,开始刷新显示时间,变量清零
        Reverse_Display=Adjust_Index==6;            //调整年
        OneChar(0,26,DateTime[6]/10);               //显示年后两位
        OneChar(0,34,DateTime[6]%10);
        for(i=4;i>2;i--)                            //显示月、日
{       Reverse_Display=Adjust_Index==i;
        OneChar(0,56+(4-i)*32,DateTime[i]/10);
        OneChar(0,64+(4-i)*32,DateTime[i]%10);
}
Reverse_Display=Adjust_Index==5;                                            //星期
Hanzi(2,88,WEEKDAY_WORDS+(DateTime[5]%10-1)*32);    //显示星期中文字符
```

```
    for(i=2;i>0;i--)                                    //显示时、分
    {       Reverse_Display=Adjust_Index==i;
            OneChar(5,26+(2-i)*32,DateTime[i]/10);
            OneChar(5,34+(2-i)*32,DateTime[i]%10);
    }
    Reverse_Display=0;                                  //显示秒
    OneChar(5,88,DateTime[0]/10);
    OneChar(5,96,DateTime[0]%10);
}
//函数名:Ex_Int0
//函数功能:键盘中断
//形式参数:无
//返回值: 无
void Ex_Int0()interrupt 0
{
    if(K1==0)                                           //选择调整参数
    {
        if(Adjust_Index==-1||Adjust_Index==0) Adjust_Index=7;
        else Adjust_Index--;
    }
    else if(K2==0)
        DateTime_Adjust(1);                             //加1
    else if(K3==0)
        DateTime_Adjust(-1);                            //减1
    else
    {
        Set_Time();                                     //保存调整时间到 DS1302
        Adjust_Index=-1;
    }
}
main()
{
    uchar i;
    InitializeLCD();                                    //液晶初始化
    OneChar(0,10,2);                                    //固定显示年的前两位20
    OneChar(0,18,0);
    for(i=0;i<3;i++)                                    //显示第一行:年 月 日
        Hanzi(0,42+i*32,DATE_TIME_WORDS+i*32);
    Hanzi(2,42,DATE_TIME_WORDS+3*32);                   //显示第二行:星期
    Hanzi(2,58,DATE_TIME_WORDS+4*32);
    for(i=0;i<3;i++)                                    //显示第三行:时 分 秒
        Hanzi(0,42+i*32,DATE_TIME_WORDS+(i+5)*32);
    IE=0x83;                                            //开总中断、外部中断0
    IP=0x01;                                            //中断优先级设置
```

```
        IT0 = 0x01;                              //允许 T0 中断
        TH0 = -50000/256;                        //T0 置定时 50ms 的初值
        TL0 = -50000%256;
        TR0 = 1;                                 //启动 T0
        while(1)
                if(Adjust_Index = = -1)Get_Time();
}
```

编译链接过程参见项目 1 中任务，将源程序 ex17. c 生成目标代码文件 ex17. hex。

7. 动手做 3——Proteus 仿真

从 Proteus 中选取如下元器件：

（1） AT89C51，单片机；

（2） RES、RESPACK-8，电阻、排阻；

（3） CAP、CAP-ELEC，电容、电解电容；

（4） LGM12641BS1R，图形点阵液晶模块；

（5） DS1302，SPI 总线实时时钟；

（6） 4 与门 AND_4；

（7） 3.6V 电源 BATTERY。

放置元器件、电源和地，设置参数，连线，最后进行电气规则检查，将目标代码文件 ex17. hex 加载到 AT89C51 单片机中，电路仿真效果如图 6-4 所示。

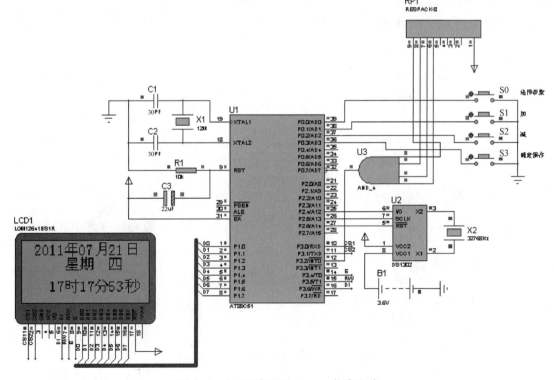

图 6-4　电子万年历的 Proteus 仿真电路

7. 举一反三

问：用户调整电子万年历的日期和时间时，是否会出现非常规数值，如月份出现 14 的情况？应如何修改程序避免此类问题？

答：如果在程序中对月份变量加 1 后出现大于 12 的情况，则限制为 12，就不会出现月份为 14 的情况了，因此需要在处理按键加 1 减 1 调整时间变量时进行规则限定。这就需增加定义一个全局变量 MonthsDays 并修改函数 DateTime_Adjust，分情况处理年、月、日、时、分、星期的规则限定，包括闰年月份的处理等。

```c
uchar MonthsDays[ ] = {0,31,0,31,30,31,30,31,31,30,31,30,31};//一年中各月天数
void DateTime_Adjust( char x)
{   uchar y;
    switch( Adjust_Index)
    {
      case 1: //分 0～59
          if( x = = 1&&DateTime[1]<59)DateTime[1]++;
          if( x = =-1&&DateTime[1]>0)DateTime[1]--;
          break;
      case 2: //时 0～23
          if( x = = 1&&DateTime[2]<23)DateTime[2]++;
          if( x = =-1&&DateTime[2]>0)DateTime[2]--;
          break;
      case 3://日调整:从 00～28、29、30、31,需首先根据闰年判断 2 月的天数
          y=2000+DateTime[6];
          if(( y%4= =0 && y%100! =0)||( y%400= =0))
              MonthsDays[2]=29;
          else
              MonthsDays[2]=28;
          if( x = =1 && DateTime[3]<MonthsDays[DateTime[4]])DateTime[3]++;
          if( x = =-1 && DateTime[3]>0)DateTime[3]--;
          break;
      case 4://月 0～12
          if( x = =1 && DateTime[4]<12)DateTime[4]++;
          if( x = =-1 && DateTime[4]>0)DateTime[4]--;
          y=2000+DateTime[6]; //当前年
          if(( y%4= =0 && y%100! =0)||( y%400= =0))//闰年修正 2 月天数
              MonthsDays[2]=29;
          else
              MonthsDays[2]=28;
```

```
    if(DateTime[3]<MonthsDays[DateTime[4]])//根据当前月份修正日期
        DateTime[3]=MonthsDays[DateTime[4]];
    break;
case 5://星期1~7
    if(x==1&&DateTime[5]<7)DateTime[5]++;
    if(x==-1&&DateTime[5]>1)DateTime[5]--;
    break;
case 6://年00~99
    if(x==1 && DateTime[6]<99)DateTime[6]++;
    if(x==-1 && DateTime[6]>0)DateTime[6]--;
    y=2000+DateTime[6];//当前年
    if((y%4==0 && y%100!=0)||(y%400==0))//闰年修正2月天数
        MonthsDays[2]=29;
    else
        MonthsDays[2]=28;
    if(DateTime[3]<MonthsDays[DateTime[4]])//根据当前年份修正日期
        DateTime[3]=MonthsDays[DateTime[4]];
    break;
    }
  }
```

问：是否可以设计具有温度显示功能的电子万年历？

答：参考项目14应用温度传感器DS18B20，在T0定时中断中，每秒刷新显示时间时采集温度并显示，具体软硬件设计读者可自行完成。

8. 任务小结

本任务采用DS1302专用时钟芯片和图形点阵液晶模块LGM12641BS1R设计实现显示日期和时钟信息的电子万年历，对比学习串行总线接口SPI和I²C的时序特点，训练可编程时钟芯片与单片机的接口设计、调试及编程方法。

项目小结

本项目涉及时钟芯片DS1302、定时器、中断和图形液晶显示的基本原理，项目强化训练单片机对SPI串行总线接口时序操作能力，训练液晶模块的显示技巧，综合运用定时器及中断等内部资源，提高编程与调试能力。

本项目的知识点如下：

（1）DS1302的读写时序及接口应用方法；

（2）图形液晶控制器HD61202的内部结构和使用方法；

（3）定时器工作方式及中断的应用。

项目 15　GSM 无线远程监控系统设计

扫一扫看GSM
无线远程监控
系统设计教学
课件

训练任务	GSM 无线远程监控系统设计
知识详解	◇ GSM 模块使用方法； ◇ AT 命令； ◇ GSM 模块发送短信息的原理及实现； ◇ 单片机串口通信
学习要点	◇ 掌握 GSM 模块与 PC 的连接及控制方式； ◇ 学习发送短信息的 AT 指令格式及应用； ◇ 熟练掌握单片机串行通信的实现方法； ◇ 掌握一些字符对应的 ASCII 码、函数定义及调用、超级终端的使用
建议学时	6

1. 任务要求

随着物联网技术的发展，GSM 无线远程监控系统已开始一步步走进越来越多的普通家庭。利用单片机控制 GSM 模块，当主人外出时，通过手机短信就可以了解家里、办公室或仓库等是否有险情发生，事发现场可以同时报警并向附近的管理单位求援。

2. 跟我学 1——认识 GSM 模块

短信息服务作为 GSM 网络的一种基本业务，已得到越来越多的系统运营商和系统开发商的重视。目前，国内已经开始使用的 GSM 模块有 Falcom 的 A2D 系列、Wavecome 的 WMO2 系列、西门子的 TC35 系列、爱立信的 DM10/DM20 系列、中兴的 ZXGM18 系列等，其中西门子的 TC35 系列模块性价比很高，并且已经有国内的无线电设备入网证。所以，本设计选用的是西门子 TC35 系列的 TC35i。TC35i 与 GSM 2/2 + 兼容、双频（GSM900/GSM1800）、RS-232 数据口、符合 ETSI 标准 GSM0707 和 GSM0705，且易于升级为 GPRS 模块。该模块集射频电路和基带于一体，向用户提供标准的 AT 命令接口，为数据、语音、短消息和传真提供快速、可靠、安全的传输，方便用户的应用开发及设计。TC35i GSM MODEM 是基于西门子 TC35i GSM 模块开发的无线调制解调器。TC35i MODEM 既可以工作于 900 MHz 网络，也可工作于 1800 MHz 网络，支持数据、传真、短消息等功能，拥有 9～35 V 宽电压设计，电源接反保护，防死机自动复位功能。

3. 跟我学 2——GSM 模块与 PC 的连接及控制

图 6-5 所示为西门子 TC35 系列 GSM 模块原型，其按照以下步骤与 PC 进行连接与操作：

（1）取出 SIM 卡卡座，操作方法如图 6-6 和图 6-7 所示。**注意**，取放 SIM 卡时，轻推 SIM 卡座旁边黄色按钮即可。

（2）放置手机的 SIM 卡，操作方法如图 6-8～图 6-11 所示。

（3）GSM 模块上电，操作方法如图 6-12 所示。

图 6-5　西门子 TC35 系列 GSM 模块原型

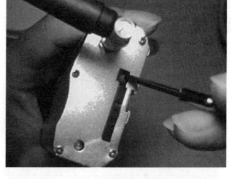

图 6-6　取出 SIM 卡卡座（一）

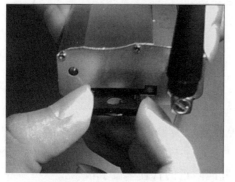

图 6-7　取出 SIM 卡卡座（二）

图 6-8　放置手机 SIM 卡（一）

图 6-9　放置手机 SIM 卡（二）

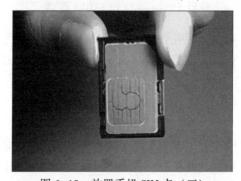

图 6-10　放置手机 SIM 卡（三）

图 6-11　放置手机 SIM 卡（四）

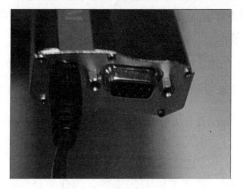

图 6-12　GSM 模块上电

（4）GSM 模块通过串口线与 PC 相连，操作方法如图 6-13 和图 6-14 所示。串口线接好后，将 GSM 模块电源接通，此时，GSM 模块电源指示灯（绿色）会以一定频率闪烁。

图 6-13　GSM 模块与串口线连接

图 6-14　串口线与 PC 连接

（5）PC 超级终端配置。选中通信工具中的超级终端，并按照步骤依次进行配置，操作方法如图 6-15～图 6-21 所示。

图 6-15　打开超级终端

图 6-16　超级终端配置（一）

图 6-17　超级终端配置（二）

图 6-18　超级终端配置（三）

图 6-19　超级终端配置（四）

图 6-20　超级终端配置（五）

图 6-21　超级终端配置（六）

📖**小提示**

超级终端在配置串口时，端口号的选择要根据 PC 实际使用的串口号来定，波特率要设置成 9600bps，与 GSM 模块默认的通信速率保持一致方可进行后续操作。

（6）PC 控制 GSM 模块拨打电话和发送短信息。

① 在图 6-21 中单击"确定"按钮后，即可进入超级终端通信界面，如图 6-22 所示。输入"at+ 回车"，如果连机成功，GSM 模块就会应答 OK，如图 6-23 所示。

图 6-22　超级终端通信界面

图 6-23　超级终端通信界面（设置后）

② 拨打电话，输入"atd+被叫电话号码+;（注意：使用这个命令时，号码后面要加分号）+回车"，如图6-24所示。

③ 发送短消息。

发送短消息命令为

　　　　AT+CMGS

使用方法：at+cmgs="电话号码"+;+回车

GSM模块会返回">"，然后在后面添加短信内容，如"Hi!"，之后按组合键Ctrl+Z，等待短信息中心返回的信号+CMGS：41，代表发送成功，并在超级终端界面返回OK。操作过程如图6-25所示。

图6-24　GSM拨打电话

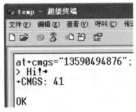

图6-25　GSM发送短信息

4. 跟我学3——AT指令

单片机通过串行口与GSM模块通信，利用AT命令对模块进行控制。每条AT都以AT开头，以CR结束。每条AT命令必须同时大写或小写，不能大小写混杂。GSM模块接收到一条完整的AT命令后，会做出回应，回应以<CR><LF>起始和结束。如果发送的AT命令有语法或参数错误，模块会返回字符串ERROR，否则一般模块会返回字符串OK。表6-3列出了常用的AT命令集。

表6-3　AT命令集

功　　能	AT命令	备　　注
挂机命令	ATH	挂机
短消息格式	AT+CMGF	选择短消息支持格式（TEXT或PDU）
读短消息	AT+CMGR	读取短消息
发送短消息	AT+CMGS	发送短消息

5. 动手做1——画出单片机与PC串行通信硬件电路图

在完成单片机控制GSM模块发送手机短信息任务之前，先实现单片机和PC串行通信，再把PC换成GSM模块即可，这样便于调试，可起到事半功倍的效果。图6-26所示为单片机和PC之间利用UART口实现串行通信的电路原理图，单片机串行通信原理参见项目8，这里不再赘述。本任务所用器件如表6-4所示。

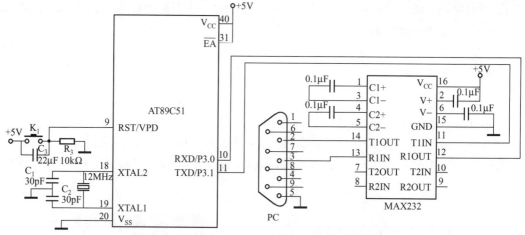

图6-26 单片机和PC串行通信硬件电路原理图

表6-4 单片机与PC串行通信电路器件清单

元 件 名 称	参 数	数量	元 件 名 称	参 数	数量
IC插座	DIP16	1	电平转换芯片	MAX232	1
IC插座	DIP40	1	单片机	AT89C51	1
晶体振荡器	12MHz	1	瓷片电容	0.1μF	4
串口	9Pin 孔式	1	瓷片电容	30pF	2
串口	9Pin 针式（备用）	1	按键		1
电阻	10kΩ	1	电解电容	22μF	1

📄**小提示**

单片机和PC串行通信时，图6-26中的串口接头 Connector 9 选用孔式，以便与PC连接；单片机和PC的TXD和RXD要交叉相连，否则通信失败。

6. 动手做2——编写单片机与PC串行通信的程序

单片机向PC发送字符的程序如下：

```
//程序:ex18_1.c
//功能:单片机向PC串行发送字符"a"
#include <reg51.h>
void Uartinit();                        //串口初始化子函数
void Sendchar(unsigned char temp);      //单片机向PC串行发送一个字符子函数
void main()                             //主函数
{
    EA = 0;                             //关中断
    SP = 0x60;                          //设置堆栈指针
    Uartinit();                         //串口初始化
    while(1)
    {
```

```
            Sendchar('a');          //单片机通过串口向 PC 循环发送字符"a"
        }
    }
    //函数名:Sendchar
    //函数功能:单片机向 PC 串行发送一个字符子函数
    //形式参数:字符
    //返回值:无
    void Sendchar(unsigned char temp)
    {
        SBUF=temp;                  //单片机串口向 PC 发送字符"temp"
        while(TI==0);               //等待串口发送完毕
        TI=0;                       //发送完毕标志位 TI 软件清零
    }
    //函数名:Uartinit
    //函数功能:串口初始化,波特率 9600 bps
    //形式参数:无
    //返回值:无
    void Uartinit()
    {
        TMOD=0x20;                  //设置定时器 T1 方式 2
        TH1=0xfd;
        TL1=0xfd;                   //设置串行口波特率为 9600 bps
        SCON=0x50;                  //串行口方式 1、允许接收
        PCON=0x00;
        TR1=1;                      //启动定时器
    }
    void delay1ms(unsigned int ms)  //延时 1 ms 函数参见项目 9 中任务 9-1 程序 ex9_1.c。
```

编译链接过程参见项目 1 中任务,将源程序 ex18_1.c 生成目标代码文件 ex18_1.hex。

7. 动手做 3——单片机与 PC 串行通信调试

打开超级终端,波特率设置成 9600 bps,运行程序,在超级终端的界面上会出现字符 a,表示单片机与 PC 串行通信成功,如图 6-27 所示。

图 6-27 单片机与 PC 能信调试界面

8. 动手做 4——画出单片机与 GSM 模块串行通信硬件电路图

在完成单片机和 PC 串行通信的基础上,把 PC 换成 GSM 模块即可发送短信息。注意,要把 TXD 和 RXD 交换一下,同时软件上要按照发送短信息的 AT 指令格式进行发送。单片机与 GSM 模块串行通信的硬件电路原理图如图 6-28 所示。

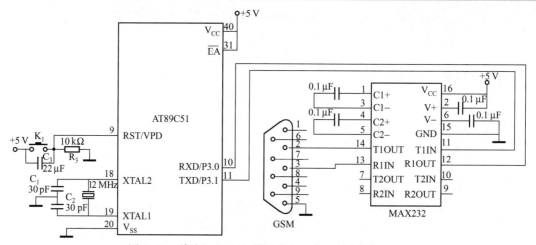

图6-28　单片机和GSM模块串行通信硬件电路原理图

> **📄小提示**
>
> 　　单片机和GSM模块串行通信时，图6-28中的串口接头Connector 9选用针式，以便与GSM模块连接；单片机和GSM模块的TXD和RXD要直通相连，否则通信失败。

---

9. 动手做5——编写单片机控制GSM模块发送短信息的程序

单片机控制GSM模块串行向外发送短信息的程序如下：

```
//程序：ex18_2.c
//功能：单片机控制GSM模块发送短信息
#include <reg51.h>
unsigned char com[]={'a','t','+','c','m','g','f',',','=',',','1',0x0d};
unsigned char sms[27]={'a','t','+','c','m','g','s',',','=',',','"','1','8','6','7','6','7',
'3','5','8','2','0','"',',',';',0x0d,'s','o','s',0x1a};
void Uartinit();                      //串口初始化子函数
void Sendchar(unsigned char temp);    //单片机向PC串行发送一个字符子函数
void delay1ms(unsigned int ms);
void main()                           //主函数
{    unsigned char i;
     EA=0;                            //关中断
     SP=0x60;                         //设置堆栈指针
     Uartinit();                      //串口初始化
     for(i=0;i<27;i++)
     {  Sendchar(sms[i]);             //单片机控制GSM模块向号码为18676735820的手机上
                                      //发送"sos"短信息

     }
     while(1)
     {

     }
```

```
        }
//函数名:Sendchar
//函数功能:单片机向 PC 串行发送一个字符子函数
//形式参数:字符
//返回值:无
void Sendchar(unsigned char temp)
{       SBUF=temp;              //单片机串口向 PC 发送字符"temp"
        while(TI==0);           //等待串口发送完毕
        TI=0;                   //发送完毕标志位 TI 软件清零
}
//函数名:Uartinit
//函数功能:串口初始化,波特率 9600 bps
//形式参数:无
//返回值:无
void Uartinit()
{
        TMOD=0x20;              //设置定时器 T1 方式 2
        TH1=0xfd;
        TL1=0xfd;               //设置串行口波特率为 9600 bps
        SCON=0x50;              //串行口方式 1、允许接收
        PCON=0x00;
        TR1=1;                  //启动定时器
}
void delay1ms(unsigned int ms)  /延时 ms 毫秒函数参见项目 9 中任务 9-1 程序 ex9_1.c
```

　　编译链接过程参见项目 1 中任务,将源程序 ex18_2.c 生成目标代码文件 ex18_2.hex。运行程序,即可在接收方的手机上看到"sos"的短信息,发送方的手机号码是 GSM 模块中的 SIM 卡卡号。

> 📖**小提示**
>
> 　　回车键的 ASCII 码是 0x0d,组合键 Ctrl+A 的 ASCII 码是 0x1a,其他字符的 ASCII 码可直接用单引号引出。

10. 任务小结

　　本任务利用单片机串口控制 GSM 模块发送字符和短信息,应熟练掌握单片机串口通信技术及实现。

项目小结

　　本项目涉及 GSM 模块的基本原理及 AT 指令,从简单的 PC 控制到单片机控制模块实现短信息的发送。该项目进一步训练单片机串行通信的应用能力、函数定义及调用的实际应用,利用超级终端进行串口调试的使用能力,以及硬件和软件设计与调试能力。

本项目的知识点如下：

（1）GSM模块工作原理与使用方法；

（2）一些常用AT指令格式及应用；

（3）单片机串口通信；

（4）字符ASCII码、函数定义及调用、利用超级终端进行串口调试等。

项目16 倒车雷达系统设计

扫一扫看超声波测距项目教学课件

扫一扫看倒车雷达系统设计教学课件

扫一扫看倒车雷达系统设计微课视频

训练任务	倒车雷达系统设计
知识详解	◇ 超声波传感器的结构及工作原理； ◇ 倒车雷达实现超声波测距的检测原理； ◇ 数码管的串行显示方式； ◇ 定时/计数器的查询与中断方式
学习要点	◇ 掌握超声波传感器的使用方法； ◇ 学习超声波发射与接收模块的典型电路应用； ◇ 掌握数码管的串行显示方法； ◇ 灵活运用定时器的查询和中断方式解决各精确定时问题
建议学时	6

1. 任务要求

随着社会物质生活的提高及汽车工业的发展，汽车使用量逐渐增加，人们在享受汽车带来便利的同时，也出现了一系列用车安全的问题，其中倒车碰撞就是一个典型。

本项目提出的倒车雷达系统就是为解决汽车倒车时无法目测到车尾与障碍物之间距离的问题而设计的一种装置，它能够实现在倒车过程中，实时检测障碍物与汽车之间的距离，并通过数码管直观显示，使驾驶员无"后顾之忧"，解除驾驶员泊车、倒车和启动车辆时前后左右探视所引起的困扰，并帮助驾驶员扫除视野死角和视线模糊的缺陷，提高驾驶的安全性。

本项目采用超声波测距方法实现倒车雷达系统，选取超声波换能器和适当的超声波发射与接收电路方案，利用单片机产生40 kHz方波信号送至发射电路输出超声波信号，再由接收电路把反射回波信号进行放大处理后送至单片机，单片机根据从发射到接收所用的时间计算出汽车距后方障碍物间的距离，并用数码管显示障碍物距离，障碍物探测盲区为20 cm。

2. 跟我学1——认识超声波传感器TCT40-12T1

超声波是指高于20 kHz的声波，超声波传感器是实现电脉冲与机械谐振产生的超声波之间相互转换的装置，又称超声换能器或超声波探头。按作用原理不同，超声波传感器可分为压电式、磁致伸缩式、电磁式等数种，其中压电陶瓷晶片制成的换能器最为常用。超声波传感器TCT40-12T1就是一款压电陶瓷超声波传感器，其外形如图6-29所示。

TCT40-12T1利用压电效应原理将电能和机械谐振产生的超声波相互转化，其内部结构包括双压电晶片振子、锥形谐振板、支点、金属网屏蔽及金属外壳，如图6-30所示。其中，

双压电晶片振子是传感器的核心，锥形谐振板使发射和接收超声波的能量集中，并使传感器有一定的指向角，金属外壳可防止外界力量对双压电晶片振子及锥形谐振板的损害，金属网屏蔽也是起保护作用的，但不影响发射和接收超声波。

图 6-29　TCT40-12T1 外形图

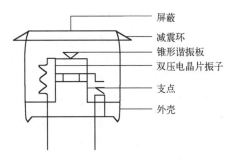

图 6-30　超声波传感器内部结构图

双压电晶片振子工作原理如图 6-31 所示。当在 A、B 两极间施加频率为 f 的交流电压时，若上晶片的电场方向与极化方向相同，下晶片则方向相反，上下一伸一缩，形成同频率的机械振动，推动空气等媒质，便会发出超声波。反之，如果在双压电晶片振子上有超声波作用，将会使其产生机械形变，这种机械变形使双压电晶片振子产生频率与超声波相同的电信号。

双压电晶片振子有一个固有的谐振频率，即中心频率，当施加于它两端的交变电压频率等于晶片的中心频率时，输出能量最大，传感器的灵敏度最高，这就是选择超声波传感器时所需选取的重要参数中心频率 f_0。超声波传感器 TCT40-12T1 的中心频率为 40 kHz，由于在倒车雷达超声波检测中，如果频率取得太低，则外界的杂音干扰较多；如果频率取得太高，在传播的过程中衰减较大，检测距离越短，因此，常选取经验值 40 kHz 作为最佳标称频率。为取得高灵敏度，加在超声波传感器上的交变电压频率要与它的固有谐振频率一致，即单片机发射电路部分要送出与 TCT40-12T1 中心频率一致的 40kHz 脉冲。而当采用发射与接收分离的超声波传感器时，需要选择与标称频率匹配的接收探头。本任务选用超声波发射探头 TCT40-12T1，那么就必须选择超声波接收探头 TCT40-12R1 与之匹配。

指向角是反应超声波传感器传输超声波方向性的一个重要参数，指向角越小，传输方向性越强，超声波传感器 TCT40-12T1 的指向角为 70°，具有很好的方向性，其收发声压指向特性图如图 6-32 所示。

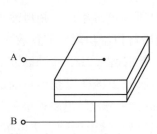

图 6-31　双压电晶片振子结构图

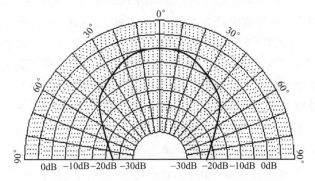

图 6-32　TCT40-12T1 收发声压指向特性图

📖小问答

问：超声波怎么能够实现倒车雷达中的障碍物距离检测功能呢？

答：利用超声波测量已知基准位置和目标物体表面之间距离的方法称为超声波测距法。具体的测量方法有很多，如相位检测法、声波幅值检测法、渡越时间检测法等。

本任务选择最常用的渡越时间检测法。超声波在空气中传播至尺寸大于其波长的目标被测物，就会发生反射，反射回波由超声波传感器接收并转化为电信号，测量出发射和接收信号之间的时间差，即渡越时间 t，利用公式 $s=tV/2$（V 为超声波在空气中的传播速度 344m/s）即可算得传感器与反射点间的距离。渡越时间超声波测距原理如图6-33所示，其中 h 表示发射与接收超声波传感器的间距，s 表示超声波发射传感器距离目标的距离，d 为待测

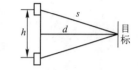

图6-33　超声波测距原理示意图

距离，当 $s \gg h$ 时，$d \approx s$，当采用收发一体的超声波传感器或使发射与接收传感器非常接近时 $h \approx 0$，则推导得出 $d=tV/2$。

具体来讲，超声波从汽车尾部保险杠安装的超声传感器发出后，利用单片机内部定时器准确地记录出从发射超声波的时刻起到接收到回波时刻之间所需的时间 t，若单片机使用 12MHz 晶振，则测得从汽车尾部到障碍物之间的距离 $S=tV/2$，其中 $V=344$m/s，$t=$ 计数次数×1μs。

3. 跟我学2——认识超声波检波接收器 CX20106A

由于超声波在空气中传播会有衰减，反射回波信号一般比较弱，接收电压为 mV 级，所以在设计超声波接收电路时，要有较大的放大倍数，为减小环境噪声对回波信号的影响，也要考虑选用滤波特性较好的电路，使回波易于检测。超声波接收电路有分立元件

图6-34　超声波接收集成芯片外形图

和集成电路两种设计方法，一般地，采用集成电路可以减少系统复杂度，减少电路之间的相互干扰和电噪声，同时提高接收超声波的灵敏度和抗干扰能力，因此本任务选用集成电路 CX20106A。该器件是一款红外线检波接收的专用芯片，主要工作频率为 38～41kHz，常用于红外遥控器，由于超声波测距用的超声波频率 40kHz 也在此范围，因此该芯片也常用于超声波检测接收电路。如图6-34所示，CX20106A 采用8脚单列直插式超小型塑封结构。

CX20106A 内部电路结构如图6-35所示，由前置放大器、自动偏置电平控制电路（ABLC）、限幅放大器、宽频带滤波器、峰值检波器和波形整形电路等组成。超声波传感器接收并转换后的电信号输入 CX20106A 的1脚，经过有自动增益控制功能的前置放大电路，总放大增益由2脚外接电阻 R 和电容 C_1 决定，C_1 取值1μF，R 取值 4.7Ω；带通滤波的中心频率 f_0 由5脚外接电阻 R 调节，阻值越大，中心频率越低，取值 210kΩ 以获得 40kHz 的通带中心频率；采用峰值检波方式，3脚接检波电容 C_2 为 3.3μF；积分比较电路外接积分电容 C_3 在6脚，取值 330pF，该电容取值过大会使探测距离变短；波形输出引脚为集电极开路，需接上拉电阻，最终经过放大、滤波、检波、整形的脉冲波形由7脚输出。

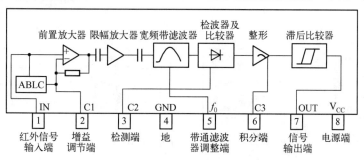

图 6-35 超声波接收器 CX20106A 内部结构图

📄 **小问答**

问：超声波是怎样发射出来的？需要设计哪些电路模块？

答：倒车雷达的超声波测距系统中超声波发射由超声波脉冲发生模块、超声波脉冲调理驱动模块和超声波传感器三部分组成。

超声波脉冲发生模块一般有硬件和软件两种方法产生超声波脉冲。硬件产生超声波脉冲的典型设计方案是由 555 时基电路及外围元件构成 40kHz 的多谐振荡器电路，在微处理器控制下，由硬件产生超声波脉冲序列。软件产生超声波脉冲方式利用单片机内部的定时/计数电路或 PWM 模块，由单片机软件编程产生 40kHz 的超声波脉冲信号，通过输出引脚送至后端超声波脉冲调理驱动模块。本任务选用软件方式，控制灵活性好。

由于超声波传感器发射超声波的驱动电压比较高，而且超声波的传播距离与它的振幅成正比，为了使测距足够远，需要对脉冲振荡信号进行放大后再加在超声波传感器上。因此，超声波脉冲调理驱动模块主要将前端生成的超声波脉冲信号进行功率放大，以驱动后端超声波探头产生超声波。常用的方法有采用达林顿三极管来增强驱动电路的能力，或者采用门控驱动电路。本任务采用六反相缓冲器 CD4049 组成的驱动电路进行功率放大，以推动超声波传感器提高发射强度。

---

4. 动手做 1——画出硬件电路图

倒车雷达系统的硬件设计包括单片机控制显示电路、超声波发射电路和超声波接收电路三部分组成，其原理图如图 6-36 所示。

单片机采用 12MHz 的晶振，显示电路采用简单实用的 4 位共阴极 LED 数码管，通过串行输入并行输出的移位寄存器 74LS164 输出段码，位码用 NPN 三极管驱动，单片机 P1 口的 P1.4、P1.5、P1.6 模拟数码管串行显示的启动、时钟端、串行数据输入端。

📄 **小提示**

多位 LED 数码管显示时，常将所有段选线并联在一起，由一个 8 位 I/O 口控制，此为并行显示方式。而串行显示方式通过串行输入/并行输出的移位寄存器输出段码，仅 3 个 I/O 引脚就可实现多位 LED 数码管显示，大大减少了单片机端口资源的使用，特别适用于开发较复杂的应用系统，能够达到稳定不闪烁的输出效果。

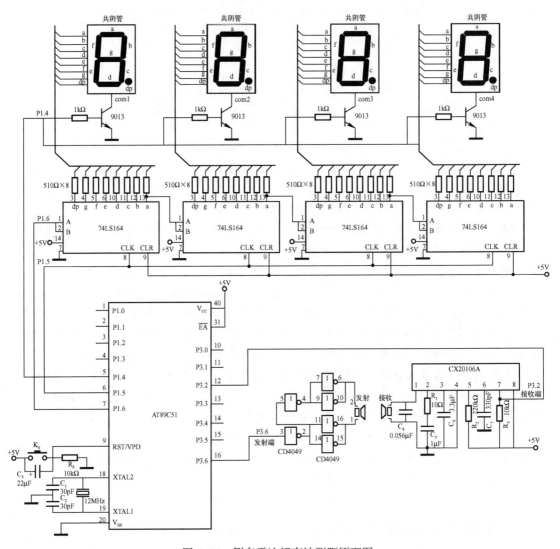

图 6-36　倒车雷达超声波测距原理图

单片机通过 P3.6 引脚发出 40kHz 脉冲信号，经驱动电路六非门 CD4049，一路经一个非门送到超声波传感器的一个电极，另一路经两级非门后送到超声波传感器的另一个电极，这种推挽方式可有效提高超声波的发射强度。两个非门并联连接以提供足够的驱动电流。

单片机用 P3.2 引脚检测是否有超声回波的中断触发信号，超声波接收器件 CX20106A 没有接收到信号时输出高电平，接收到超声回波信号后即进行放大、检波、整形处理，输出低电平信号，这样，超声回波每到来一次就产生一个下降沿，因此当第一个下降沿到来时单片机立即响应中断，由软件进行测距处理。

倒车雷达超声波测距电路所用器件如表 6-5 所示。

表6-5 倒车雷达超声波测距电路器件清单

元 件 名 称	参 数	数量	元 件 名 称	参 数	数量
插座	DIP40	1	电源	直流+5V	1
单片机	AT89C51	1	电阻	10kΩ	2
晶体振荡器	12MHz	1	电解电容	22μF	1
电容	30pF	2	按键		1
七段LED	共阴极	4	六反相缓冲器	CD4049	1
电阻	510Ω 排阻	4	移位寄存器	74LS164	4
电阻	1kΩ	4	电容	0.056μF/330pF	1/1
电阻	10Ω/220kΩ	1/1	电解电容	1μF/3.3μF	1/1
超声波接收器	CX20106A	1	超声波传感器	TCT40-12T1/TCT40-12R1	1/1
二极管	9013	4			

📄**小提示**

在实际产品设计中，如果采用的是开放式的非防水超声波探头，则使用反相器串联再并联做 BTL（Blanced Tied-Load，桥式推换电路）推动就可以驱动超声波传感器，实现短距离测距，10V 以上的电压即可；如果使用的是全封闭的防水超声波探头，就要有足够的驱动电压（至少要60V 以上）才能驱动超声波传感器，此时必须使用倒车雷达专用的脉冲变压器以升高脉冲电压。

5. 动手做2——编写倒车雷达超声波测距并在数码管串行显示的程序

按照渡越时间法超声波测距原理，需考虑完成如下工作：定时器、中断系统资源的初始化设定；发出 40kHz 的方波信号；等待盲区时间屏蔽回波干扰信号；响应超声回波接收电路输出的下降沿中断信号并进入中断服务子程序计算回波时间；中值滤波法多次测量取平均值以减少干扰；根据公式 $d=tV/2$ 计算距离值；LED 数码管串行显示测得距离值。

按照上述分析，系统软件采用模块化设计方法，对于集中处理的部分功能采用独立编写函数的方法，提高软件的可读性和可移植性。主要功能函数如下，其中超声波测距函数和中断服务函数流程图如图 6-37 所示。

（1）主程序 main：调用初始化函数，循环调用超声波测距函数实现实时测距功能。

（2）初始化函数 System_Init：完成系统初始化，包括 I/O 口、定时/计数器初始状态的设定、中断初始化以及超声波测距存储数组的初始化等。

（3）超声波测距函数 Ultrasonic_Wave：发出 40kHz 的方波信号，延时等待盲区时间，然后调用数据处理函数并根据公式计算距离，调用数码管串行显示函数实现距离显示。

（4）中断服务函数：设置回波标志，记录回波时间到可存储 10 个元素的数组 RE_Data 中。

（5）数据处理函数 Average_Filter：采用中值滤波法，对邻近 10 次测得的回波时间取平均值，这样通过软件方法可提高系统抗干扰能力。

（6）数码管串行显示函数 Seg_Show：LED 数码管串行显示超声波测距得到的距离。

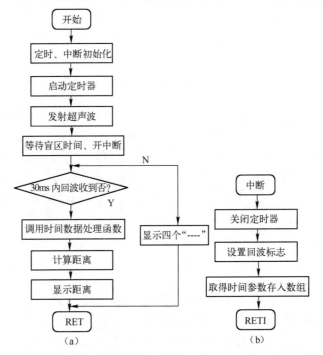

图 6-37　倒车雷达超声波测距函数和中断服务函数流程图

模块化程序设计的变量定义如表 6-6 所示。

表 6-6　变量定义表

C51 程序中变量定义	含　义
bit Fashe	超声波发射标志，Fashe＝0，超声波没有发射；Fashe＝1，超声波已发射
bit Jieshou	超声波接收标志，Jieshou＝0，超声波没有接收；Jieshou＝1，超声波已接收
bit Error	超声波超时错误标志，Error＝1，20ms 定时时间到，超声波超时未接收
unsigned char SEG_CODE[17]	共阴极数码管显示 0～F 以及-的字型码
unsigned int RE_Data[10]＝{5880}	超声波反射时间参数存储缓冲区

📄**小问答**

　　问：图 6-37 所示超声波测距函数流程图中提到的盲区时间是什么？

　　答：一般地，倒车雷达的技术参数中会有一项称为盲区距离或最小可测距离，就是指一次发射超声波后需要至少等待一个时间 t_1，以避免因超声波从发射器直接传送到接收器引起的直接波触发，即需要避免接收到这种非反射波引起的测距干扰。这样在等待延迟时间 t_1 时就不能接收超声回波，即使此时遇到近距离的障碍物产生真正的反射波也不会被系统识别，这就是系统的盲区，需要等的延迟时间 t_1 就称为盲区时间，由 t_1 换算得到的距离就是最小可测距离。通常盲区时间 t_1 设为 1～3ms，根据超声波收发电路灵敏度和抗干扰特性确定，如果采用收发一体的超声波传感器，由于会在发射探头产生余震干扰接收电路，因此 t_1 常选用较长时间如 3ms，对应的盲区就较大，为 $d=t_1V/2=51.6cm$。本任务选择典型 2ms 的盲区延时时间，因此最小可测距离为 34.4cm。为避免因系统故障问题导致的长时间无回声的"死机"情况，发射超声波后等待接收回波的时间 t_2 定为 20ms，时间到未检测到回波信号，则需重新发射超声波。因此，本任务设计的测量距离最长为 $d=t_2V/2=344cm$。

问： 超声波测距函数 Ultrasonic_Wave 中定时器 T0 和 T1 的应用有何区别？

答： 超声波测距函数 Ultrasonic_Wave 涉及几种时间的控制。发射 40kHz 超声波需要精确定时，另外发射超声波时不需要其他检测，因此定时器 T1 工作于方式 2 的查询方式，编码时只需设置 25μs 的定时初值，启动定时器，查询 TF0 标志位置 1 后即翻转脉冲输出端口电平；2ms 的盲区延时时间对定时精度要求不高，采用软件延时函数 delay_ms 实现即可；超声回波时间测量用定时器 T0，发射超声波后，也用定时器 T0 完成 20ms 的超时计时，如果 20ms 未接收到回波即进入 T0 的中断服务子程序设置标志并处理显示。

倒车雷达超声波测距系统程序如下：

```
//程序:ex19.c
//功能:通过发射超声波和接收超声回波,统计期间时间参数 t,利用公式 d=tV/2 计算倒车时汽车
与障碍物间的距离 d 并在 LED 数码管显示
// ***********************编译预处理语句***************************//
#include<reg51.h>
#define MAX(a,b)(((a)>(b))? (a):(b))               //最大值
#define MIN(a,b)(((a)<(b))? (a):(b))               //最小值
//数码管
#define SEG_DAT       P16
#define SEG_CLK_H     P15=1;
#define SEG_CLK_L     P15=0;
#define SEG_ENA_H     P14=1;
#define SEG_ENA_L     P14=0;
#define Timer0_Star TH0=0x0B1;TL0=0x0E0;ET0=1;Fashe=1;TR0=1;//超声波测距及超时计时
#define Timer0_Stop TR0=0;EX0=0;TH0=0x00;TL0=0x00;Fashe=0;csb=0;
#define Timer1_Star TH1=0x0E7;TL1=0x0E7;TR1=1;        //T1 用于超声波发射频率控制
#define Timer1_Stop TR1=0;csb=0;
//初始化
#define Timer0_Init    TMOD|=0x01;                   //定时器 T0 工作于方式 1
#define Timer1_Init    TMOD|=0x10;                   //定时器 T1 定时 25μs,
#define Ext0_Init      TCON|=0x01;                   //外部中断 0 下降沿中断
// **********************函数声明***************************//
void Seg_Show(unsigned char S1,unsigned char S2,unsigned char S3,unsigned char S4);
unsigned int Average_Filter(unsigned int * Data);
void Ultrasonic_Wave(void);
```

```
        void System_Init(void);
        void delay1ms(unsigned int ms);                      //延时 ms 毫秒函数声明
        // ****************************端口定义****************************//
        sbit P16=P1^6;                                       //I/O 口 P1.6,串行显示数据输入位
        sbit P15=P1^5;                                       //I/O 口 P1.5,串行显示时钟位
        sbit P14=P1^4;                                       //I/O 口 P1.4,串行显示启动位
        sbit csb=P3^6;
        // ****************************全局变量定义****************************//
        //共阴极数码管段码
        const unsigned char SEG_CODE[17]={0x3f,0x06,0x5b,0x4f,0x66,0x6d,0x7d,0x07,0x7f,0x6f,0x77,
        0x7c,0x39,0x5e,0x79,0x71,0x40};
        //超声回波时间参数数据缓冲区
        unsigned int RE_Data[10]={0};
        bit Fashe=0,Jieshou=0,Error=0;                       //发射、已成功接收、未接收标志位
        // ****************************函数编码实现****************************//
        //函数名:EXT_INT0_ISR
        //函数功能:超声波测距成功接收回波时间计算
        //形式参数:无
        //返回值:无
        void EXT_INT0_ISR() interrupt 0 using 1
        {
            static unsigned char i=0;
            TR0=0;//关定时器
            EX0=0;//关外部中断 0
            ET0=0;//关定时器 T0 溢出中断
            if(Fashe==1)
            {
                Fashe=0;
                Jieshou=1;                                   //设置成功接收标志
                i++;
                if(i>=10){i=0;}                              //每接收 10 个回波测距数据为一组
                RE_Data[i]=(TH0-0x0b1)*256+(TL0-0x0e0);      //定时器 T0 计时数据存入数组
            }
        }
        //函数名:Timer0_ISR
        //函数功能:超声波测距超时 20ms 未成功接收回波
        //形式参数:无
        //返回值:无
        void Timer0_ISR() interrupt 1 using 1
        {
            TR0=0;//关定时器
```

```
    EX0=0;//关外部中断0
    ET0=0;//关定时器T0溢出中断
    if(Fashe==1)
    {
        Fashe=0;
        Error=1;                              //设置未接收标志
    }
}


//函数名:Clear
//函数功能:给超声波测到的数据存放数组赋初值
//形式参数:无
//返回值:无
void Clear(void)
{
    unsigned char i;
    for(i=0;i<10;i++)
    {
        RE_Data[i]=0;
    }
}
//函数名:Seg_Show
//函数功能:数码管串行显示超声波测到的距离
//形式参数:S1~S4
//返回值:无
void Seg_Show(unsigned char S1,unsigned char S2,unsigned char S3,unsigned char S4)
{
    unsigned char i=0,Led=0,Value=0;
    SEG_ENA_L
    for(Led=0;Led<4;Led++)
    {
            if(Led==0){Value=SEG_CODE[S4];}
        else if(Led==1){Value=SEG_CODE[S3];}
        else if(Led==2){Value=SEG_CODE[S2];}
        else if(Led==3){Value=SEG_CODE[S1];}
            for(i=0;i<8;i++)
            {
                if(Value&0x80){SEG_DAT=1;}         //逐位输出各LED段码
                else          {SEG_DAT=0;}
                Value<<=1;
                SEG_CLK_L SEG_CLK_H                //输出上升沿脉冲到CLK
```

```
                    }
            }
        SEG_ENA_H
}
//函数名:Average_Filter
//函数功能:中值滤波法,多次测量取超声回波时间参数的平均值
//形式参数: * Data
//返回值:Average
unsigned int Average_Filter( unsigned int  * Data)
{
        unsigned long Average = 0, Sum = 0;
        unsigned int Maximum = 0, Minimum = 0;
        unsigned char i = 0;
        Maximum = * Data;
        Minimum = * Data;
        for( i = 0; i < 10&&( * Data)! = 0; i++)    //遍历数组求最大值和最小值
        {
                Maximum = MAX( Maximum, * Data);
                Minimum = MIN( Minimum, * Data);
                Sum+ = * Data;
                Data++;
        }
        if( i>2)
                Average = ( Sum-Maximum-Minimum)/( i-2);
        else
                Average = Sum/i;                      //中值滤波法对测量回波时间参数平滑处理
        return Average;
}
//函数名:Ultrasonic_Wave
//函数功能:超声波测距
//形式参数:无
//返回值:无
void Ultrasonic_Wave( void)
{
    unsigned int FA_T = 0, PWM;
    long Lenght = 0, Value;
    Jieshou = 0;
    Error = 0;
    csb = 0;
    Timer1_Star        //T1 初始化并启动,控制发射 40kHz 超声波
    Timer0_Star         //T0 初始化并启动,开始计时超声回波时间和超声波未接收时间
```

```
    while(++FA_T<=40)//发射 20 个周期 40kHz 的方波
    {
        while(! TF1);   //查询计数是否溢出,即定时 25μs 时间到,TF1=1
        csb=~csb;
        TF1=0;
    }
    Timer1_Stop
    delay1ms(2);                    //盲区 2 ms 延时
    EX0=1;                          //开中断,准备检测超声回波
    while(Error==0&& Jieshou==0);
    Timer0_Stop
    if(Jieshou==1)                  //接收到超声回波
    {
        Value=Average_Filter(RE_Data);
        Lenght=Value*34/2000;       //渡越时间测距公式
        Seg_Show((Lenght/100)%10,(Lenght/10)%10,Lenght%10,12);//显示测距结果
    }
    else                            // T0 计时到,超时未接收超声回波
    {
        Seg_Show(16,16,16,16);      //没有接收到显示—
    }
    delay1ms(20);
}
//函数名:System_Init
//函数功能:系统初始化
//形式参数:无
//返回值:无
void System_Init(void)
{
    Timer0_Init
    Timer1_Init
    Ext0_Init
    Clear();
}
void main(void)
{
    System_Init();
    EA=1;//开总中断
    while(1)
    {
        Ultrasonic_Wave();          //超声波测距函数调用
```

```
        }
    }
    void delay1ms( unsigned int ms )        //省略,延时1ms函数参见项目9中ex9_1.c
```

6. 动手做 3——软硬件联调

本任务设计倒车雷达适应于短距离测距,理论测量范围为 $34.4 \sim 51.6\,cm$。超声波发射和接收传感器安装时保持两传感器中心轴线平行并相距 $4 \sim 8cm$,制作硬件电路,将程序编译下载到单片机运行,移动超声波探头观察显示数据,在理论测量范围内,基本达到设计要求,检测距离误差不超过 1cm。

> 📄 **小提示**
>
> 调试过程中,可适当调整与超声波接收探头并接的滤波电容 C_4 的大小以获得合适的接收灵敏度和抗干扰能力;如需适应不同距离的测量要求,可修改 Ultrasonic_Wave 函数中发射超声波的脉宽、盲区延迟时间以及两次测量的最长间隔时间等参数。

7. 举一反三

问:如果要求倒车雷达更加智能化,采用 LCD1602 作为显示器件,在出现测量距离小于 50cm 时即产生报警声音提示,请问如何修改本任务的软硬件设计方案?

答:电路设计修改:液晶模块的硬件电路接口设计参考项目 6,单片机的 P1 口与液晶模块的 8 条数据线相连,P3 口的 P3.0、P3.1、P3.3 引脚分别与液晶模块的三个控制端 RS、R/$\overline{W}$、E 连接,电位器 R_2 为 VO 提供可调的液晶驱动电压,用以实现显示对比度的调节;P3.4 引脚控制连接蜂鸣器以产生报警声音。

由于本项目程序设计采用模块化设计方法,各独立的功能模块采用函数调用形式,所以软件的可读性强,易于修改。具体方法如下:液晶模块的程序修改主要是用 Lcd_Show 函数替代 Seg_Show 函数。LCD1602 液晶显示模块各调用子函数与项目 6 的任务 6-1 实现一致,在此不再述。报警函数编码简单,只需要在 Ultrasonic_Wave 函数中计算得到 Length 后,若比较 Length 小于 50,则 P3.4 引脚输出高电平驱动蜂鸣器报警,具体代码请读者自行完成。

Lcd_Show 函数替代 Seg_Show 函数的具体代码:

```
const unsigned char SEG_CODE[17] = {0x30,0x31,0x32,0x33,0x34,0x35,0x36,0x37,x038,x039,
0x41,0x42.0x43,0x44,0x45,x046};
//函数名:Lcd_Show
//函数功能:LCD1602 字符液晶显示超声波测到的距离
//形式参数:S1 ~ S4
//返回值:无
void Lcd_Show( unsigned char S1,unsigned char S2,unsigned char S3,unsigned char S4)
{
    unsigned char i = 0,Led = 0,Value = 0;
```

```
SEG_ENA_L
for(Led=0;Led<4;Led++)
{
        if(Led==0){Value=SEG_CODE[S4];}
    else if(Led==1){Value=SEG_CODE[S3];}
    else if(Led==2){Value=SEG_CODE[S2];}
    else if(Led==3){Value=SEG_CODE[S1];}
    lcd_w_dat(Value);
    delay1ms(20);
}
```

📖**小问答**

问：超声波声速与温度有一定相关性，请问温度改变对本任务的测距结果是否有影响？

答：超声波声速与温度的相关性如表6-7所示，倒车雷达在某一地区使用，温度变化不大时可以认为声速是基本恒定不变的，对测距结果影响可忽略不计。但如果测距精度要求很高，则应通过温度补偿的方法加以校正，具体方法为引入温度传感器监测环境温度，并通过查表获取该温度下的超声波声速，带入超声波测距计算公式即可。温度传感器可采用单总线数字温度传感器DS18B20，具体的电路连接和软件编程方法请参考项目14自行完成。

表6-7　超声波声速与温度相关修正表

温度/℃	-30	-20	-10	0	10	20	30	50
声速/（m/s）	313.3	319.9	325.5	331.5	337.6	344.0	349.1	361.5

8. 任务小结

本项目模拟实现倒车雷达的超声波测距功能，通过单片机与超声波传感器的接口软硬件设计，熟练掌握超声波传感器的应用技巧及超声波测距的相关原理，并熟练掌握定时器的查询方式和中断方式，了解数码管的串行显示方法。

项目小结

本项目涉及超声波传感器、定时器和数码管显示的基本原理，项目强化训练单片机对超声波收发电路的控制驱动应用能力，综合运用定时器及中断等内部资源，灵活运用宏定义和指针变量，提高编程与调试能力。

本项目的知识点如下：

◇ 超声波传感器及超声波收发模块的工作原理和应用方法

◇ LED数码管串行显示技术

◇ 定时器工作方式及中断的应用

扫一扫看智能
汽车环境控制
系统设计项目
教学课件

项目 17 智能汽车环境控制系统设计

训 练 任 务	智能汽车环境控制系统设计
知识详解	◇ 微控制器模块； ◇ 电源模块； ◇ 温度传感器模块； ◇ 湿度传感器模块； ◇ 液晶显示模块； ◇ L298 驱动电路和电动机模块； ◇ 红外传感器模块； ◇ 语音模块； ◇ 函数调用
建议学时	6

1. 任务要求

本项目是制作一个智能汽车环境控制系统，它具备以下功能：

（1）在密闭的车厢内制造出恒温、恒湿的环境，并用液晶显示当前的温度和湿度；

（2）当温度超过设置的温度（25℃）时对应的电动机 1 正转，低于设置的温度（18℃）时对应的电动机 1 反转；

（3）当湿度超过设置的湿度（90%RH）时对应的电动机 2 正转，低于设置的湿度（65%RH）时对应的电动机 2 反转；

（4）当红外线感测器感测到有人接近时，会播放事先录好的声音。

2. 动手做 1——画出硬件电路图

智能汽车环境控制系统用到的模块在前面章节都有详细介绍。参照前面模块的硬件设计，本系统硬件资源分配如表 6-8 所示，硬件电路设计如图 6-38 所示。

表 6-8 硬件资源分配表

模　　　块	资 源 分 配
温度传感器模块 DS18B20	P3.7
湿度传感器模块 HS1101	P3.5
液晶显示模块 LCD1602	P3.0～P3.2 引脚控制 RS、RW、E，P1 口接数据线
电动机控制模块（L298 驱动）	P2.0、P2.1 引脚：电动机 1 的控制和使能端； P2.2、P2.3 引脚：电动机 2 的控制和使能端
语音模块 ISD1110	P2.5
红外传感器模块 BISS0001	P2.4

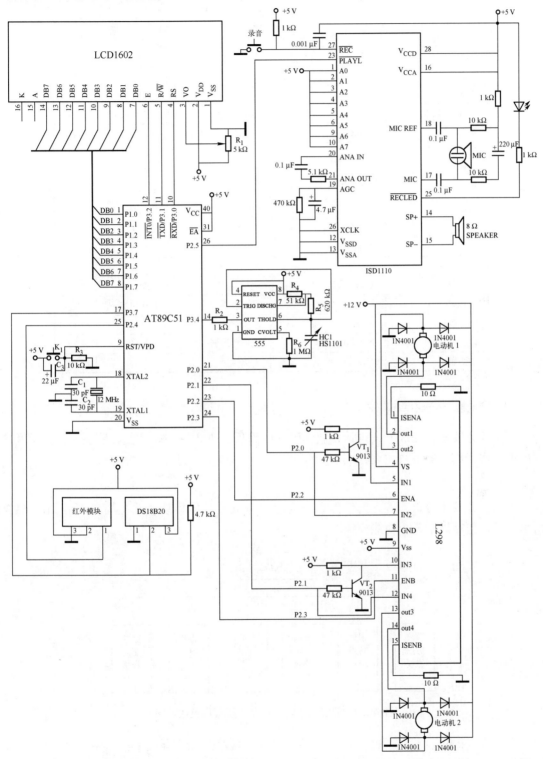

图 6-38 智能汽车环境控制系统电路原理图

智能汽车环境控制系统电路所用器件如表 6-9 所示。

表6-9　智能车载控制系统电路器件清单

元件名称	参数	数量	元件名称	参数	数量
IC插座	DIP40	1	瓷片电容	30pF	2
单片机	AT89C51	1	电阻	10kΩ	3
按键		2	电位器	5kΩ	1
晶体振荡器	12MHz	1	电解电容	22μF	1
电阻	4.7kΩ	1	三极管	9013	2
555		1	电阻	1kΩ	5
电阻	51kΩ	1	电阻	620kΩ	1
电阻	1MΩ	1	电阻	47kΩ	2
电阻	10Ω	2	电阻	470kΩ	1
电阻	5.1kΩ	1	电解电容	4.7μF	1
瓷片电容	0.001μF	1	电解电容	220μF	1
瓷片电容	0.1μF	3	发光二极管	LED	1
二极管	1N4001	8	电机驱动	L298	1
直流电动机	+5V	2	温度传感器	DS18B20	1
液晶模块	1602	1	湿度传感器	HS1101	1
语音模块	ISD1110	1	红外传感器	BISS0001	1
扬声器	2W/8Ω	1	麦克风		1

3. 动手做2——程序设计

明确任务要求，完成方案设计并制作硬件电路后，进入系统软件设计阶段。这里采用自顶向下，逐步细化的模块化设计方法。

1）模块划分

根据任务要求分析，首先把任务划分为相对独立的功能模块。系统模块划分如图6-39所示，具体包括以下几个功能模块。

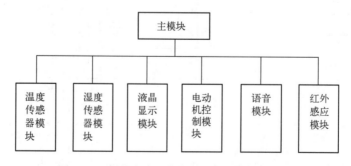

图6-39　智能汽车环境控制系统程序模块框图

主模块（main）：完成系统初始化，包括I/O口设定、温/湿度采集、温/湿度处理、红外感应以及语音播放等。具体工作流程图如图6-40所示。

温度传感器模块、湿度传感器模块、液晶显示模块、电动机控制模块、语音模块、红外感应模块在前面章节已经详细介绍，本项目直接调用子函数。

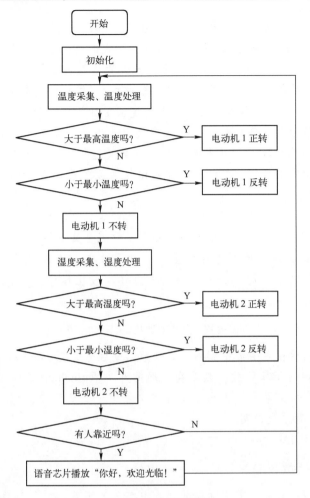

图 6-40 工作流程图

📖**小资料：**

1）函数分类和定义

从用户使用角度来看，函数有以下两种类型：标准库函数和用户自定义函数。

（1）标准库函数。标准库函数是由 C51 的编译器提供的，用户不必定义这些函数，可以直接调用。Keil C51 编译器提供了 100 多个库函数供使用。常用的库函数包括一般 I/O 口函数、访问 SFR 地址函数等，在 C51 编译环境中，以头文件的形式给出。

（2）用户自定义函数。用户自定义函数是用户根据需要自行编写的函数，它必须先定义之后才能被调用。函数定义的一般形式是：

函数类型 函数名(形式参数表)
　　形式参数说明
｛
局部变量定义
函数体语句
　　｝

其中，"函数类型"说明了自定义函数返回值的类型。"函数名"是自定义函数的名字。"形式参数表"给出函数被调用时传递数据的形式参数，形式参数的类型必须要加以说明。ANSI C 标准允许在形式参数表中对形式参数的类型进行说明。如果定义的是无参数函数，可以没有形式参数表，但是圆括号不能省略。"局部变量定义"是对在函数内部使用的局部变量进行定义。"函数体语句"是为完成函数的特定功能而设置的语句。

因此，一个函数由两个部分组成：函数定义，即函数的第一行，包括函数名、函数类型、函数属性、函数参数（形式参数）名、参数类型等以及函数体，即大括号"{}"内的部分。函数体由定义数据类型的说明部分和实现函数功能的执行部分组成。

2）函数调用的条件

函数调用就是在一个函数体中引用另外一个已经定义的函数，前者称为主调用函数，后者称为被调用函数，在一个函数中调用另一个函数需要具备如下条件：

（1）被调用函数必须是已经存在的函数（库函数或者用户自己已经定义的函数），如果函数定义在调用之后，那么必须在调用之前（一般在程序头部）对函数进行声明，例如，任务中就先对

    void wendu( );   //温度数据分离处理及显示

函数进行了声明，然后在主函数中调用了该函数，最后再定义 void wendu( )函数。

（2）如果程序使用了库函数，则要在程序的开头用#include 预处理命令将调用函数所需要的信息包含在本文件中。如果不是在本文件中定义的函数，那么在程序开始要用 extern 修饰符进行函数原型说明。

函数调用的一般格式为：

    函数名(实际参数列表);

对于有参数类型的函数，若实际参数列表中有多个实参，则各参数之间用逗号隔开。实参与形参顺序对应，个数应相等，类型应一致。

3）函数调用的方式

按照函数调用在主调函数中出现的位置，函数可以有以下三种调用方式：

（1）函数语句。把被调函数作为主调函数的一个语句。例如，读取温度调用：

    readtemp ( );

此时不要求被调用函数返回值，只要求函数完成一定的操作，实现特定的功能。

（2）函数表达式。被调用函数以一个运算对象的形式出现在一个表达式中。这种表达式称为函数表达式。这时要求被调用函数返回一定的数值，并以该数值参加表达式的运算。例如：

    c=2*max(a,b);

函数 max(a,b)返回一个数值，将该值乘以 2，乘积赋值给变量 c。

（3）函数参数。被调用函数作为另一个函数的实参或者本函数的实参。例如：

    m=max(a,max(b,c));

2）资源分配与程序设计

在完成主函数的流程图设计后，根据系统主程序的流程图进行各功能模块的调用，生成系统可执行程序。

系统源程序如下：

扫一扫看智能汽车环境控制系统程序

```c
#include <reg51.h>              //单片机头文件
#include <stdlib.h>             //字符串转换头文件
#include "intrins.h"            //汇编混合头文件
#define uchar unsigned char     //宏定义数据类型
#define uint unsigned int       //宏定义数据类型
#define lowtemp 18              //温度最低值
#define hightemp 25             //温度最高值
#define lowsd 65                //湿度最低值
#define highsd 90               //湿度最高值
sbit IN1 = P2^0;               //电动机1控制端
sbit IN2 = P2^1;               //电动机2控制端
sbit ENA = P2^2;               //电动机1使能端
sbit ENB = P2^3;               //电动机2使能端
sbit hw = P2^4;                //红外控制端
sbit yuyin = P2^5;             //语音控制端
sbit RS = P3^0;
sbit RW = P3^1;
sbit E = P3^2;
sbit sd = P3^5;
sbit DQ = P3^7;                //温度传感器信号线
uchar dat1[] = {0,0};          //温度数据处理缓冲区
uchar dat2[] = {0,0};          //湿度数据处理缓冲区
uchar wendu1[] = {"temp is:"}; //温度提示语
uchar shidu1[] = {"water is:"};//湿度提示语
uint temp;                     //温度数据变量
float f_temp;                  //温度数据变量
uchar tem0, tem1;              //湿度数据变量
uchar temp0, temp1;            //湿度数据变量
uint f = 0;                    //湿度采集频率
uchar i, k;                    //温度
uchar count = 100;             //湿度初值

//声明调用函数
void delay1ms(uint ms);        //延时ms毫秒子函数
void Init_timer();             //定时器初始化
void tran();                   //频率和湿度转换
void shidu();                  //湿度数据处理
```

```c
    void init_ds18b20(void);                //总线初始化复位
    uchar readbyte(void);                   //读取一个字节
    void writebyte(uchar);                  //写一个字节
    uchar readtemp(void);                   //读取温度
    void wendu();                           //温度数据分离处理及显示
    void lcd_w_cmd(unsigned char com);      //写命令字函数
    void lcd_w_dat(unsigned char dat);      //写数据函数
    unsigned char lcd_r_start();            //读状态函数
    void lcd_init();                        //LCD 初始化函数
    void delay100us(unsigned char t);       //可控延时函数
    void delay5us(uchar n);                 //精确延时 n×5μs 子程序
    void main()
    {
        lcd_init();                         //初始化液晶
        Init_timer();                       //初始化定时器
        count=0;                            //湿度初值
        ENA=0;                              //初始化电动机1
        ENB=0;                              //初始化电动机2
        hw=1;                               //红外端口为读取状态
        sd=1;                               //湿度端口为读取状态
        delay5us(1);
        while(1)
        {
            if(hw==1)                       //检测到有人
            {           yuyin=0;            //播放欢迎语
            }
            if(hw==0)
            {           yuyin=1;
            }
            readtemp();                     //读取温度
            wendu();                        //温度处理及显示
            shidu();                        //湿度数据处理及显示
            if(temp<lowtemp)                //控制电动机1
            {
              ENB=0;
              ENA=1;
              IN1=0;                        //正转
            }
            if(temp>hightemp)
            {
                ENA=0;
                ENB=1;
                IN2=0;                      //反转
```

```
    }
        if(count<lowsd)                    //控制电动机2
        {
         ENA=0;
           ENB=1;
           IN2=0;                          //反转
        }
        if(count>highsd)
        {
          ENB=0;
          ENA=1;
          IN1=0;                           //正转
        }
      }
}
//函数名:delay1ms(uint ms)
//函数功能:延时 ms 毫秒子函数
//形式参数:ms
//返回值:无
void delay1ms(uint ms)                     //延时 ms 毫秒子函数
{
    uint i,j;
    for(i=0;i<ms;i++)
        {
        for(j=0;j<110;j++);                //延时 1ms
        }
}
//函数名:timer0()
//函数功能:定时器 T0,每 50 000μs 中断一次,采用 12MHz 晶振
//形式参数:无
//返回值:无
void timer0() interrupt 1                  //定时器 T0 中断
{
    EA=0;
    TR0=0;
    TR1=0;
    TL0=0xb0;                              //重装值,定时 50 000μs, 0x3cb0
    TH0=0x3c;
    tem0=TL1;                              //读数
    tem1=TH1;
    TL1=0x00;                              //定时器 T1 清零
    TH1=0x00;
    f=1;                                   //作标注位
```

```
        TR0 = 1;
        TR1 = 1;
        EA = 1;
}
//函数名:timer1( )
//函数功能:计数器,用于计数,用555输出的频率来计数相对湿度
//形式参数:无
//返回值:无
void timer1( ) interrupt 3          //T1中断,表示计数的频率溢出,超出了可测量
                                    //的频率范围,显然在这里不可能,所以重新启动
{
        EA = 0;
        TR0 = 0;
        TR1 = 0;
        TL0 = 0xb0;                 //重装值,定时50 000μs
        TH0 = 0x3c;
        TL1 = 0x00;                 //定时器T1清零
        TH1 = 0x00;
        TR0 = 1;
        TR1 = 1;
        EA = 1;
}
//函数名:Init_timer( )
//函数功能:定时器初始化
//形式参数:无
//返回值:无
void Init_timer( )
{
        TMOD = 0x51;                //定时/计数器T0执行定时功能,在模式1下工作,
                                    //定时/计数器T1执行计数功能,在模式1下工作,T1
        TL0 = 0xb0;                 //定时器T0初值 定时50 000μs
        TH0 = 0x3c;
        TL1 = 0x00;                 //定时器T1清零
        TH1 = 0x00;
        ET0 = 1;                    //使能定时器T0中断
        ET1 = 1;                    //使能定时器T1中断
        EA = 1;                     //使能总中断
        TR0 = 1;                    //开始计时
        TR1 = 1;
}
//函数名:tran( )
//函数功能:频率和湿度转换
//形式参数:无
```

```
//返回值:无
void tran( )
{
    f=tem1;
    f=( f<<8 ) | tem0;
    f=f * 20;      //这里 f 的值是最终读到的频率,不同频率对应不同相对湿度
    if(( 5623<=f) && ( f<= 6852)) //相对湿度在有效范围内(0%RH~100%RH)
        {
            if(( 6734<f) && ( f<=6852) )
            { temp0=0; temp1=(6852 - f) * 10/118;  }
            if( (6618<f) && ( f<=6734) )
            { temp0=1; temp1=(6734 - f) * 10/116;  }
            if( (6503<f) && ( f<=6618 ) )
            { temp0=2; temp1=(6618 - f) * 10/115;  }
            if( (6388<f) && ( f<=6503 ) )
            { temp0=3; temp1=(6503 - f) * 10/115;  }
            if( (6271<f) && ( f<=6388 ) )
            { temp0=4; temp1=(6388 - f) * 10/117;  }
            if( (6152<f) && ( f<=6271 ) )
            { temp0=5; temp1=(6271 - f) * 10/119;  }
            if( (6029<f) && ( f<=6152 ) )
            { temp0=6; temp1=(6152 - f) * 10/123;  }
            if( (5901<f) && ( f<=6029 ) )
            { temp0=7;temp1=(6029 - f) * 10/128;  }
            if( (5766<f) && ( f<=5901 ))
            { temp0=8; temp1=(5901 - f) * 10/135;  }
            if( (5623<f) && (f<=5766))
            { temp0=9; temp1=(5766 - f) * 10/143;  }
        }
    else
        {
        temp0=0; temp1=0;
        }
}
//函数名:shidu( )
//函数功能:湿度数据处理及显示
//形式参数:无
//返回值:无
void shidu( )
{
    uchar j;
    for ( i=0;i<200;i++)
```

```
        for ( k = 0 ;k<200 ;k++) ;              //延时
        tran ( ) ;
        tcmp1 & = 0x0f ;
        temp0 & = 0x0f ;
        temp0 = temp0 <<4 ;
        count = temp0 | temp1 ;
        dat2[ 0 ] = count/10+0x30 ;
        dat2[ 1 ] = count%10+0x30 ;


    lcd_w_cmd ( 0xc0 ) ;
        for( j = 0 ;j<9 ;j++)
        { lcd_w_dat ( shidu1[ j ] ) ;}
        lcd_w_dat ( dat2[ 0 ] ) ;
        lcd_w_dat ( dat2[ 1 ] ) ;
        lcd_w_dat ( ' % ' ) ;
    }
        //函数名 :init_ds18b20
        //函数功能 :总线初始化复位
        //形式参数 :无
        //返回值 :无
void init_ds18b20( void )
    {
        uchar x = 0 ;
        DQ = 1 ;
        delay5us( 10 ) ;
        DQ = 0 ;
        delay5us( 120 ) ;                     //低电平 480～960μs
        DQ = 1 ;
        delay5us( 16 ) ;                      //等待 50～100μs
        x = DQ ;
        delay5us( 80 ) ;
        DQ = 1 ;
        }
        //函数名 :readbyte
        //函数功能 :读取一个字节
        //形式参数 :无
        //返回值 :读取字节数据 date , unsigned char 类型
uchar readbyte( void )
    {
        uchar i = 0 ;
        uchar date = 0 ;
        for ( i = 8 ;i>0 ;i--)
        {
```

```
            DQ = 0;
            delay5us(1);
            DQ = 1;                      //15μs 内拉释放总线
            date >>= 1;
            if(DQ)
            date | = 0x80;
            delay5us(11);                //读完需要 45μs 的等待
        }
    return(date);
}
//函数名:writebyte
//函数功能:写一个字节
//形式参数:写字节数据 dat, unsigned char 类型
//返回值:无
void writebyte(uchar dat)
{
 uchar i = 0;
 for(i = 8;i>0;i--)
    {
        DQ = 0;
        DQ = dat&0x01;                   //写 1 在 15μs 内拉低
        delay5us(12);                    //写 0 拉低 60μs 等待写完
        DQ = 1;                          //恢复高电平,至少保持 1μs
        dat >>= 1;                       //下次写做准备,移位数据
        delay5us(5);                     //延时 25μs
    }
}
//函数名:readtemp
//函数功能:读取温度
//形式参数:无
//返回值:单字节的温度值 tt, unsigned char 类型
uchar readtemp(void)
{
    uchar templ,temph,tt;
    uint t;
    init_ds18b20();
    writebyte(0xcc);
    writebyte(0x44);                     //跳过 ROM 匹配,跳过读序列号的操作,可节省操作时间
    init_ds18b20();                      //开始操作前需要复位
    writebyte(0xcc);
    writebyte(0xbe);                     //读暂存器中的温度值
    templ = readbyte();                  //分别读取温度的低、高字节
    temph = readbyte();
    t = temph;
```

```
        t<<=8;
        t=t|templ;
        tt=t*0.0625;                        //温度转换
        return(tt);
}
//函数名:wendu()
//函数功能:温度数据处理及显示
//形式参数:无
//返回值:无
void wendu()                               //数据分离处理及显示
{    temp=readtemp();                       //读取转换的温度
    dat1[0]=temp/10+0x30;
    dat1[1]=temp%10+0x30;
    lcd_w_cmd(0x80);
        for(i=0;i<8;i++)
        { lcd_w_dat(wendu1[i]);}
        lcd_w_dat(dat1[0]);
        lcd_w_dat(dat1[1]);
        lcd_w_dat(0xdf);
        lcd_w_dat('C');
}
```
//函数名:delay100us
//函数功能:采用软件实现延时,基准延时时间为100μs(12MHz晶振),共延时100× 1μs
//形式参数:延时时间控制参数存入变量t中
//返回值:无
```
void delay100us(unsigned char t)
{
    unsigned char j,i;
    for(i=0;i<t;i++)
        for(j=0;j<50;j++);
}
```
//函数名:delay5us
//函数功能:精确延时 n×5μs 子程序
//形式参数:延时时间参数 n,unsigned char 类型
//返回值:无
```
void delay5us(unsigned char n)
{    do
    {
        _nop_();
        _nop_();
        _nop_();
        n--;
    }
```

```
    while(n);
}
//函数名:lcd_init
//函数功能:lcd 初始化
//形式参数:无
//返回值:无
void lcd_init( )
{
    lcd_w_cmd(0x3c);                //设置工作方式
    lcd_w_cmd(0x0e);                //设置光标
    lcd_w_cmd(0x01);                //清屏
    lcd_w_cmd(0x06);                //设置输入方式
    lcd_w_cmd(0x80);                //设置初始显示位置
}
//函数名:lcd_r_start
//函数功能:读状态字
//形式参数:无
//返回值:返回状态字,最高位 D7=0,LCD 控制器空闲;D7=1,LCD 控制器忙
unsigned char lcd_r_start( )
{
    unsigned char s;
    RW=1;                           //RW=1,RS=0,读 LCD 状态
    delay5us(1);
    RS=0;
    delay5us(1);
    E=1;                            //E 端时序
    delay5us(1);
    s=P1;                           //从 LCD 的数据口读状态
    delay5us(1);
    E=0;
    delay5us(1);
    RW=0;
    delay5us(1);
    return(s);                      //返回读取的 LCD 状态字
}
//函数名:lcd_w_cmd
//函数功能:写命令字
//形式参数:命令字已存入 com 单元中
//返回值:无
void lcd_w_cmd(unsigned char com)
{
    unsigned char i;
    do{                             //查 LCD 忙操作
    i=lcd_r_start();                //调用读状态字函数
```

```
        i=i&0x80;                          //与操作屏蔽掉低7位
        delay100us(2);
        }while(i! =0);                     //LCD忙,继续查询,否则退出循环
    RW=0;
    delay5us(1);
    RS=0;                                  //RW=1,RS=0,写LCD命令字
    delay5us(1);
    E=1;                                   //E端时序
    delay5us(1);
    P1=com;                                //将com中的命令字写入LCD数据口
    delay5us(1);
    E=0;
    delay5us(1);
    RW=1;
    delay100us(255);
}
//函数名:lcd_w_dat
//函数功能:写数据
//形式参数:数据已存入dat单元中
//返回值:无
void lcd_w_dat(unsigned char dat)
{
    unsigned char i;
    do{                                    //查忙操作
        i=lcd_r_start();                   //调用读状态字函数
        i=i&0x80;                          //与操作屏蔽掉低7位
        delay100us(2);
        }while(i! =0);                     //LCD忙,继续查询,否则退出循环
    RW=0;
    delay5us(1);
    RS=1;                                  //RW=1,RS=0,写LCD命令字
    delay5us(1);
    E=1;                                   //E端时序
    delay5us(1);
    P1=dat;                                //将dat中的显示数据写入LCD数据口
    delay5us(1);
    E=0;
    delay5us(1);
    RW=1;
    delay100us(255);
}
```

4. 动手做3——系统调试与脱机运行

　　系统调试包括硬件调试和软件调试两部分，硬件调试一般需要利用调试软件来进行，软件调试也需要通过对硬件的测试和控制来进行，软硬件调试是相互的、密不可分的。

1）硬件调试

硬件调试的主要任务是排除硬件故障，其中包括设计错误和工艺性故障。

（1）脱机检查。用万用表按照电路原理图检查印制电路板中所有器件的引脚，尤其是电源的连接是否正确，排除短路故障。检查数据总线、地址总线和控制总线是否有短路等故障，顺序是否正确。检查各开关按键是否能正常开关，是否连接正确，各限流电阻是否短路等。为了保护芯片，应先对各 IC 插座（尤其是电源端）电位进行检查，确定其无误后再插入芯片调试。

（2）联机调试。拔掉 AT89C51 芯片，将仿真器的 40 芯仿真插头插入 AT89C51 的芯片插座进行调试，检验接口电路是否满足设计要求，可以通过一些简单的测试软件来查看接口电路工作是否正常。

2）软件调试

软件调试的任务是利用开发工具进行在线仿真调试，发现和纠正程序错误。一般采用先分别测试程序模块，再进行模块联调的方法。

运行主程序，程序的调试应逐个模块地进行，首先单独调试各子模块功能，测试程序是否能够实现预期的功能，然后看接口电路的控制是否正常等，最后逐步将各子程序连接起来总调，联调需要注意的是各程序模块间能否正确传递参数。

3）脱机运行

软硬件调试成功后，可以将程序固化到 AT89C51 的 Flash 中，按下录音按键，事先录好声音，接上电源脱机运行。

📄**小资料：**

软硬件调试成功，脱机运行不一定成功，有可能出现以下故障：

（1）系统不工作。主要原因是晶振不起振（晶振损坏、晶振电路不正常导致晶振信号太弱等）；或 $\overline{EA}$ 脚没有接高电平（接地或悬空）。

（2）系统工作时好时坏。这主要是由干扰引起的，由于本系统没有传感输入通道和控制输出通道，干扰源相对较少且简单，在电源、总线处对地接滤波电容一般可以解决问题。

由于工业环境有强大的干扰，单片机应用系统没有采取抗干扰措施，或措施不力，必将导致系统失灵。经过反复修改硬件和软件设计，增加相应的抗干扰措施后，系统才能适应现场环境，按预期目标正常工作。实际上，为抗干扰所做的工作常常比前期实验室研制样机的工作还要多，由此可见抗干扰技术的重要性。主要抗干扰技术如下：

① 充分考虑电源对单片机的影响。电源做得好，整个电路的抗干扰就解决了一大半。许多单片机对电源噪声很敏感，要给单片机电源加滤波电路或稳压器，以减小电源噪声对单片机的干扰。

② 如果单片机的 I/O 口用来控制电动机等噪声器件，在 I/O 口与噪声源之间应加隔离（增加 π 形滤波电路）或光电隔离。对于单片机闲置的 I/O 口，不要悬空，要接地或接电源。其他 IC 的闲置端在不改变系统逻辑的情况下接地或接电源。

③ 注意晶振布线。晶振与单片机引脚尽量靠近，用地线把时钟区隔离起来，晶振外壳接地并固定。电源线和地线要尽量粗。除减小压降外，更重要的是降低耦合噪声。尽量减少回路环的面积，以降低感应噪声。

④ 电路板合理分区，如强、弱信号，数字、模拟信号。尽可能把干扰源（如电动机、继电器）与敏感元件（如单片机）远离。单片机和大功率器件的地线要单独接地，以减小相互干扰。大功率器件尽可能放在电路板边缘。用地线把数字区与模拟区隔离。数字地与模拟地要分离，最后在一点接于电源地。A/D、D/A 芯片布线也以此为原则。

项目小结

通过本项目的制作，达到对单片机资源调配能力、接口技术的应用能力、外围功能器件的使用能力、编程能力等的综合训练。项目中尽可能采用在前面项目训练中已经掌握的基本技能、方法及子函数，达到由易到难，由简到繁，由零到整的进阶式能力训练效果。围绕智能汽车环境控制系统功能的不断扩展，训练运用各种外围功能芯片及模块电路与单片机相结合实现各种控制功能的开发与创新能力。

本项目的知识点如下：

(1) 微控制器模块；　　　　　　　(2) 电源模块；

(3) 温度传感器模块；　　　　　　(4) 湿度传感器模块；

(5) 液晶显示模块；　　　　　　　(6) L298 驱动电路和电动机模块；

(7) 红外传感器模块；　　　　　　(8) 语音模块；

(9) 函数调用；　　　　　　　　　(10) 抗干扰。

项目 18　简易机器人设计

扫一扫看简易机器人项目教学课件

训练任务	设计并制作出具有如下功能的简易机器人： (1) 红外遥控机器人运行； (2) 超声波测距； (3) 数码管显示距离障碍物的距离
知识详解	◇ 微控制器模块； ◇ 红外遥控模块； ◇ 超声波测距模块； ◇ 电动机模块； ◇ 数码管动态显示
重点难点	◇ 红外遥控模块； ◇ 超声波测距模块
建议学时	6

1. 任务要求

本项目是制作一个运动机器人，它具备如下功能：电动机驱动控制、红外遥控、超声波测距数码管显示距离障碍物的距离。

在制定运动机器人制作方案时要预先确定机器人的运动方式、驱动方式、控制单元、智能控制功能。采用 AT89C51 单片机作为主控制芯片；用两个直流变速电动机来驱动左右两个轮子转动；用超声波测距技术测试机器人距前方障碍物的距离来控制机器人运行状态；用红外遥控技术实现无线遥控机器人运行状态。

2. 动手做1——画出硬件电路图

系统硬件设计如图 6-41 所示，单片机 P1 口的 P1.4、P1.5、P1.6 模拟数码管串行显示的启动、时钟端、串行数据输入端；P1 口的 P1.0、P1.1、P1.2、P1.3 控制左右两个电动机；P3.0、P3.1、P3.3、P3.4、P3.5 作为红外接收端，分别控制机器人的前进、左转、红外遥控与超声波测距避障转换、右转以及后退；P3.6 作为超声波发射端；P3.2 作为超声波接收端。

简易机器人电路所用器件如表 6-10 所示。

表 6-10　简易机器人电路器件清单

元件名称	参数	数量	元件名称	参数	数量
IC 插座	DIP40	1	按键		6
单片机	AT89C51	1	电阻	10 kΩ	8
晶体振荡器	12 MHz	1	电解电容	22 μF	1
七段 LED	共阴极	4	瓷片电容	30 pF	4
三极管	9013	4	电阻	1 kΩ	5
移位寄存器	74LS164	4	电阻	510 Ω	32
直流电动机	5 V	2	CD4049		1
电动机驱动	LG9110	2	超声波发射		1
NE5532		1	超声波接收		1
LM311		1	电阻	1 MΩ	3
电阻	51 kΩ	1	电阻	5.1 kΩ	1
电阻	200 Ω	2	电容	1000 pF	2
电容	0.1 μF	4	电容	1000 μF	1
电容	47 μF	1	电容	0.33 μF	2
电容	470 μF	1	电容	220 μF	1
电容	120 pF	2	二极管	IN4148	4
反相器	74LS04	1	晶振	455 kHz	1
红外发射管	PH301	1	红外接收管	HS0038A2	1
红外发射芯片	TC9148	1	红外接收芯片	TC9149	1
稳压管	LM7805	1	稳压管	LM7812	1
三极管	9012	2	发光二极管	LED	1
电位器	10 kΩ	1			

3. 动手做2——程序设计

明确任务要求，完成方案设计并制作硬件电路后，进入系统软件设计阶段。这里采用自顶向下，逐步细化的模块化设计方法。

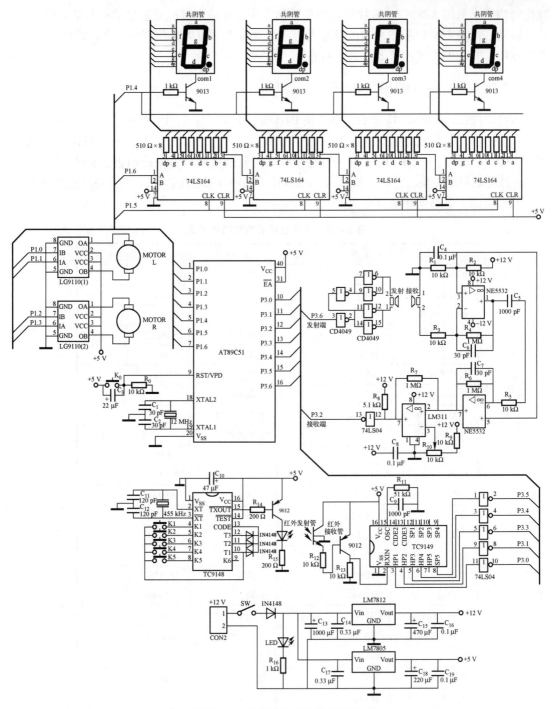

图 6-41　简易机器人硬件原理图

1）模块划分

根据任务要求分析，首先把任务划分为相对独立的功能模块。系统模块划分如图 6-42 所示，具体包括以下几个功能模块。

（1）主模块（main）：完成系统初始化，包括 I/O 口、定时/计数器初始状态的设定、中

断初始化以及超声波测距存储数组的初始化等。

（2）数码管串行显示模块 SEG_SHOW：串行显示超声波测距测到的距离。

（3）红外遥控模块 Car_Telecontrol：通过红外遥控机器人前进、左转、右转、后退以及实现机器人红外遥控和超声波测距避障的转换。

（4）超声波测距避障模块 Supersonic_Wave：实现超声波测距及避障功能。

2）各模块流程图设计

（1）主程序模块 main 完成系统初始化，包括 I/O 口、定时/计数器初始状态的设定、中断初始化以及超声波测距存储数组的初始化，等等。主函数 main 流程如图 6-43 所示。

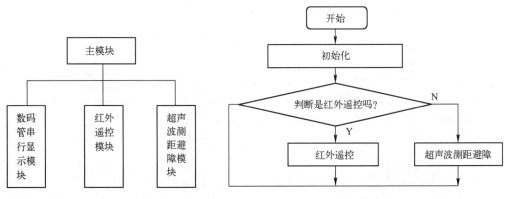

图 6-42 简易机器人程序模块框图   图 6-43 主函数 main 流程框图

（2）数码管串行显示模块 SEG_SHOW 完成超声波所测距离的显示，采用单片机 P1 口的 P1.4、P1.5、P1.6 模拟数码管串行显示的启动、时钟端、串行数据输入端，流程如图 6-44 所示。

（3）红外遥控模块。利用红外遥控编码与解码技术，实现用手持式遥控器控制简易机器人，见图 6-41，采用 P3.0、P3.1、P3.3、P3.4、P3.5 作为红外接收端，分别控制机器人的前进、左转、红外遥控与超声波测距避障转换、右转以及后退。程序流程图如图 6-45 所示。

（4）超声波测距避障模块。在机器人前进运行时，根据机器人与前方障碍物间的距离来控制机器人前进、停止或后退。图 6-41 中，用单片机的 P3.6 端口发 40 kHz 方波信号，用 P3.2 端口接收超声回波信号。程序流程如图 6-46 所示。

模块化程序设计的变量定义如表 6-11 所示。

表 6-11 变量定义表

C51 程序中变量定义	意　　义
bit Fashe	超声波发射标志，Fashe = 0，超声波没有发射；Fashe = 1，超声波已发射
bit Jieshou	超声波接收标志，Jieshou = 0，超声波没有接收；Jieshou = 1，超声波已接收
unsigned char State	红外遥控和超声波测距转换标志，为 0 时是红外遥控，为 1 时是超声波测距避障
unsigned char SEG_CODE [17]	共阴极数码管显示 0～F 以及 - 的字型码
unsigned int RE_Data[10] = {5880}	超声波测距存储缓冲区

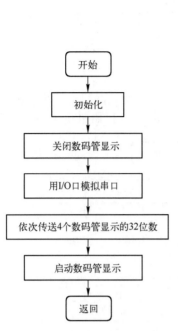

图 6-44　数码管串行显示模块
SEG_SHOW 流程框图

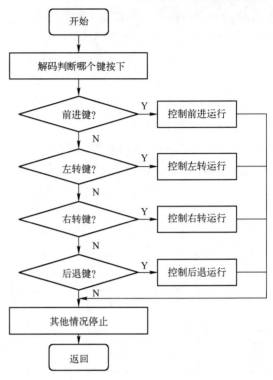

图 6-45　红外遥控模块 Car_Telecontrol 流程框图

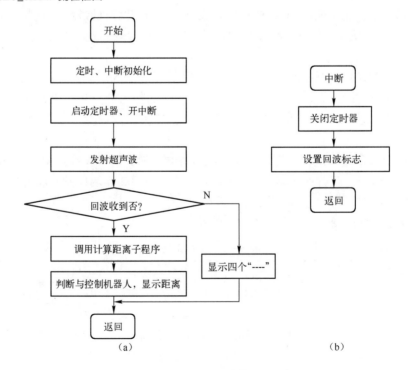

图 6-46　超声波测距避障模块流程框图

📄小资料：

　　超声波测距、激光测距、红外测距、微波测距等非接触式测距方法被广泛用于探测、汽车、运动机器人等方面。超声波测距就是利用压电效应将电脉冲与机械谐振产生的超声波相互转化而构成的发射与接收装置，也称之为超声波换能器或超声波探头，它包括发送探头和接收探头两部分。通过发射探头将 40kHz 的电脉冲信号转换为机械谐振而产生超声波，实现将电能转换为机械能的转换；而接收探头则是将超声波引起的机械振动再转换成电脉冲信号。超声波探测器件可以发射超声波并接收回波，若用单片机记录从超声波发射时刻起到接收到超声波返回信号之间的间隔时间，再根据声波在空气中的传播速度，即可计算出产生回波的物体与超声波探测元件之间的距离。因此，用单片机某一端口输出一定周期的方波，经超声波发射探头产生的机械谐振发射超声波，与此同时启动定时器工作。当超声回波接收探头接收到回波信号后，经放大整形送至比较器，比较器的输出将变为高电平，将此信号就作为单片机中断请求信号，单片机一旦接收到中断请求信号立即读取定时器记录的时间，再将计算得到的距离数据送数码管显示，同时触发语音模块电路。不断重复发射、接收、显示与语音提示这一循环过程，直至汽车退出倒车运行控制状态。

　　（1）超声波测距的关键是利用单片机准确地记录从发射超声波的时刻起到接收到回波时刻之间所需的时间 t，而这段时间的一半 $t/2$ 就是超声波从发射探头到被测障碍物所耗费的时间。超声波在空气中的传播速度为 $n=344m/s$，若单片机使用 12MHz 晶振，其内部定时器的定时时间 $t=$ 计数次数 $\times 1\mu s$，则往返距离 $S=n\times t$。

　　（2）超声波发射与接收电路可用超声波传感器和分立元件自己搭建，也可直接利用已有的超声波测距模块，本任务中选择发射与接收一体的 TCT40-10 超声波探测模块。

　　（3）为保证测量结果的准确性，可采用外部中断方法对接收探头接收到的回波上升沿进行检测。

　　（4）图 6-41 所示为本项目所采用的已有超声波发射与接收模块的内部电路示意图，单片机只要通过 P3.6 引脚发出 40kHz 脉冲信号，经驱动电路送至发射模块的输入端即可发出超声波；用 P3.2 引脚获取接收模块输出的超声波返回脉冲信号，当第一个下降沿到来时，单片机立即响应中断。

3）资源分配与程序设计

　　在完成各模块流程图设计后，根据每个细化的流程图逐个编写模块程序，再根据系统主程序的流程图进行各功能模块的调用，生成系统可执行程序。

　　系统源程序如下：

```
// ************************简易机器人程序************************//
//程序:ex21.c
//功能:简易机器人程序
// ************************编译预处理语句************************//
#include <reg51.h>
#define MAX(a,b)  (((a) > (b)) ? (a) : (b))          //最大值
```

扫一扫
看简易
机器人
程序

```c
#define MIN(a,b)    (((a)<(b)) ? (a) : (b))              //最小值
//数码管
#define SEG_DAT      P16
#define SEG_CLK_H    P15=1;
#define SEG_CLK_L    P15=0;
#define SEG_ENA_H    P14=1;
#define SEG_ENA_L    P14=0;
#define Timer0_Star TH0=0X00;TL0=0X00;EX0=1;Fashe=1;TR0=1;
#define Timer0_Stop TR0=0;EX0=0;TH0=0X00;TL0=0X00;Fashe=0;csb=0;
//电动机控制 P1.0～P1.3
#define Left_Motor_0       P10
#define Left_Motor_1       P11
#define Right_Motor_0      P12
#define Right_Motor_1      P13
#define Left_Motor_Go      Left_Motor_0=1;Left_Motor_1=0;
#define Left_Motor_Back    Left_Motor_0=0;Left_Motor_1=1;
#define Left_Motor_Stop    Left_Motor_0=0;Left_Motor_1=0;


#define Right_Motor_Go     Right_Motor_0=1;Right_Motor_1=0;
#define Right_Motor_Back   Right_Motor_0=0;Right_Motor_1=1;
#define Right_Motor_Stop   Right_Motor_0=0;Right_Motor_1=0;
//初始化
#define Timer0_Init    TMOD|=0x01;ET0=1;              //定时器 T0 工作于方式 1
#define Timer1_Init    TMOD|=0x10;
#define Ext0_Init  EX0=1;
#define Ext1_Init  EX1=1;                             //外部中断 1 下降沿中断



// *************************** 函数声明 ***************************//


void SEG_SHOW(unsigned char S1,unsigned char S2,unsigned char S3,unsigned char S4);
unsigned int Average_Filter(unsigned int * Data);
void Supersonic_Wave(void);
void Car_Telecontrol(void);
void System_Init(void);
void delay_ms(unsigned int n);
// *************************** 端口定义 ***************************//
sbit P17       =    P1^7;        //I/O 口 P1.7
sbit P16       =    P1^6;        //I/O 口 P1.6
sbit P15       =    P1^5;        //I/O 口 P1.5
sbit P14       =    P1^4;        //I/O 口 P1.4
sbit P13       =    P1^3;        //I/O 口 P1.3
sbit P12       =    P1^2;        //I/O 口 P1.2
```

```
sbit P11     =    P1^1;        //I/O 口 P1.1
sbit P10     =    P1^0;        //I/O 口 P1.0
sbit P35     =    P3^5;        //I/O 口 P3.5
sbit P34     =    P3^4;        //I/O 口 P3.4
sbit P31     =    P3^1;        //I/O 口 P3.1
sbit P30     =    P3^0;        //I/O 口 P3.0
sbit csb     =    P3^6;
```

// ****************************全局变量定义****************************//
//共阴极数码管段码
```
const unsigned char SEG_CODE[17] = {0x3f,0x06,0x5b,0x4f,0x66,0x6d,0x7d,0x07,0x7f,0x6f,0x77,
0x7c,0x39,0x5e,0x79,0x71,0x40};
```
//超声波数据缓冲区
```
unsigned int RE_Data[10] = {5880};
bit Fashe = 0,Jieshou = 0;
```
//状态标志
```
unsigned char State = 0;
```

//函数名:EXT_INT0_ISR
//函数功能:超声波测距接收回波成功时间计算
//入口参数:无
//出口参数:无

```
void EXT_INT0_ISR() interrupt 0    using 1
{
    static unsigned char i = 0;
    TR0 = 0;              //关定时器
    EX0 = 0;              //关中断
    IE0 = 0;              //清标志位
    TF0 = 0;              //清标志位
    if(Fashe == 1)
    {
        Fashe = 0;
        Jieshou = 1;
        i++;
        if(i >= 10){i = 0;}
        RE_Data[i] = TH0 * 256+TL0;
    }
}
```
//函数名:EXT_INT1_ISR
//函数功能:红外遥控和超声波测距避障选择
//入口参数:无
//出口参数:无

```
void EXT_INT1_ISR(void) interrupt 2   using 1          //转换控制
{
    EX1 = 0;IE1 = 0;
    Left_Motor_Stop Right_Motor_Stop
    if(++State == 2){State = 0;}
    delay_ms(100);
    EX1 = 1;
}
void TIMER0_OVF_ISR(void)interrapt1                  //超声波测距占位功能
{}
void TIMER1_OVF_ISR(void)interrapt3                  //遥控自动转换
    {}
//函数名:delay_ms
//函数功能:延时 n 毫秒
//入口参数:n
//出口参数:无

void delay_ms(unsigned int n)                        //延时程序0(避免重复调用)
{
    unsigned int i,j;
    for(j=n;j>0;j--)
    for(i=112;i>0;i--);
}


//函数名:Clear
//函数功能:给超声波测到的数据存放数组赋初值
//入口参数:无
//出口参数:无
void Clear(void)
{
    unsigned char i;
    for(i=0;i<10;i++)
    {
        RE_Data[i] = 5880;
    }
}
//函数名:SEG_SHOW
//函数功能:数码管串行显示超声波测到的距离
//入口参数:S1 ~ S4
//出口参数:无
void SEG_SHOW(unsigned char S1,unsigned char S2,unsigned char S3,unsigned char S4)
{
    unsigned char i=0,Led=0,Value=0;
```

```
SEG_ENA_L
for(Led=0;Led<4;Led++)
{
        if(Led==0){Value=SEG_CODE[S4];}
        else if(Led==1){Value=SEG_CODE[S3];}
        else if(Led==2){Value=SEG_CODE[S2];}
        else if(Led==3){Value=SEG_CODE[S1];}
                for(i=0;i<8;i++)
                {
                        if(Value&0x80){SEG_DAT=1;}
                        else          {SEG_DAT=0;}
                        Value<<=1;
                        SEG_CLK_L SEG_CLK_H
                }
}
    SEG_ENA_H
}
//函数名:Average_Filter
//函数功能:中值滤波法,多次测量取超声波测到距离的平均值
//入口参数:*Data
//出口参数:Average
unsigned int Average_Filter(unsigned int *Data)
{
        unsigned long Average=0,Sum=0;
        unsigned int Maximum=0,Minimum=0;
        unsigned char i=0;
        Maximum=*Data;
        Minimum=*Data;
        for(i=0;i<10;i++)
        {
                Maximum=MAX(Maximum,*Data);
                Minimum=MIN(Minimum,*Data);
                Sum+=*Data;
                Data++;
        }
        Average=(Sum-Maximum-Minimum)/(10-2);
        return Average;
}
//函数名:Supersonic_Wave
//函数功能:超声波测距避障
//入口参数:无
//出口参数:无
void Supersonic_Wave(void)
```

```
{
    unsigned int FA_T = 0, PWM;
    //unsigned int = 0;
    long Lenght = 0, Value;
    Fashe = 1;
    Timer0_Star
    while( ++FA_T <= 250)//发射 300 个周期 40kHz 的方波
    {
        csb = ¯csb;
    }
    delay_ms(10);
    FA_T = 0;
    Timer0_Stop
    if( Jieshou == 1)
    {
        Jieshou = 0;
        Value = Average_Filter( RE_Data);
        Lenght = Value * 34/2000;
        if( Lenght <= 100) { SEG_SHOW( ( Lenght/100)%10, ( Lenght/10)%10, Lenght%10, 12); }
        else            { SEG_SHOW(16,16,16,16); }//大于 100cm 显示 ----
        if( Lenght <= 30)
        {
            Left_Motor_0 = 1; Right_Motor_0 = 0;
            while( PWM <= 1000)
            {
                PWM++;
                Left_Motor_1 = ¯Left_Motor_1;
                Right_Motor_1 = ¯Right_Motor_1;
                delay_ms(1);
            }
            PWM = 0;
            Left_Motor_Stop Right_Motor_Stop
            Clear();
            delay_ms(500);
        }
    }
    else
    {
        SEG_SHOW(16,16,16,16);//没有接收到显示----
    }
    Left_Motor_Go Right_Motor_Go
    delay_ms(20);
}
```

```
//函数名:Car_Telecontrol
//函数功能:机器人红外遥控
//入口参数:无
//出口参数:无
void Car_Telecontrol(void)
{
    unsigned char Dir=0;
    P3|=0x33;
    if(P30==0){Dir=1;}
    if(P31==0){Dir=2;}
    //if(P33==0){}
    if(P34==0){Dir=3;}
    if(P35==0){Dir=4;}
    switch(Dir)
    {
        case 1 : Right_Motor_Go     Left_Motor_Go    break;    //前进
        case 2 : Right_Motor_Go     Left_Motor_Back break;     //左转
        case 3 : Right_Motor_Back   Left_Motor_Go break;       //右转
        case 4 : Right_Motor_Back   Left_Motor_Back break;     //后退
        default : Right_Motor_Stop  Left_Motor_Stop break;     //停止
    }
}
//函数名:System_Init
//函数功能:系统初始化
//入口参数:无
//出口参数:无
void System_Init(void)
{
    Timer0_Init
    Timer1_Init
    Ext0_Init
    Ext1_Init
    Clear();
}
void main(void)
{
    System_Init();
    EA=1;//开总中断

    while(1)
    {
        switch (State)
        {
            case 0 :Supersonic_Wave();break;      //红外遥控状态
            case 1 :Car_Telecontrol();break;      //超声波避障模式
```

```
                default；break；
            }
        }
    }
```

4. 动手做 3——系统调试与脱机运行

系统调试包括硬件调试和软件调试两部分，硬件调试一般需要利用调试软件来进行，软件调试也需要通过对硬件的测试和控制来进行，因此软硬件调试是不可能绝对分开的。

1）硬件调试

硬件调试的主要任务是排除硬件故障，其中包括设计错误和工艺性故障。

（1）脱机检查。用万用表按照电路原理图检查印制电路板中所有器件的引脚，尤其是电源的连接是否正确，排除短路故障。检查数据总线、地址总线和控制总线是否有短路等故障，顺序是否正确。检查各开关按键是否能正常开关，是否连接正确，各限流电阻是否短路等。为了保护芯片，应先对各 IC 插座（尤其是电源端）电位进行检查，确定其无误后再插入芯片调试。

（2）联机调试。拔掉 AT89C51 芯片，将仿真器的 40 芯仿真插头插入 AT89C51 的芯片插座进行调试，检验接口电路是否满足设计要求，可以通过一些简单的测试软件来查看接口电路工作是否正常。

2）软件调试

软件调试的任务是利用开发工具进行在线仿真调试，发现和纠正程序错误，一般采用先分别测试程序模块，再进行模块联调的方法。

运行主程序，通过手持遥控控制简易机器人前进、左转、右转以及后退，看是否能够实现相应功能；再按转换按键来切换超声波测距避障功能，观察简易机器人自动运行。

程序的调试应一个模块一个模块地进行，首先单独调试各子模块功能，测试程序是否能够实现预期的功能，接口电路的控制是否正常等；最后逐步将各子程序连接起来总调，联调需要注意的是各程序模块间能否正确传递参数。

3）脱机运行

软硬件调试成功后，可以将程序固化到 AT89C51 的 Flash 中，接上电源脱机运行。

项目小结

本项目涉及之前训练过的多种应用技术，对已经学会的各种基本技能、方法、技巧等进行了更高层次的训练，使操作者对单片机资源调配、接口技术的应用、外围功能器件的使用、复杂程序的编制、已有子函数的调用、单片机应用技术与实用技术和器件的集成与转化等方面有了更加深入的领悟与体会，为今后开发各类单片机产品奠定了基础。

本项目的知识点如下：

（1）微控制器模块；（2）红外遥控模块；（3）超声波测距模块；（4）电动机模块；（5）数码管动态显示。